上海大学出版社

2005年上海大学博士学位论文 16

U0358927

中小功率的整流天线技术研究

- 作 者： 徐君书
- 专 业： 电磁场与微波技术
- 导 师： 徐得名

2005 年上海大学博士学位论文 16

中小功率的整流天线技术研究

作　　者：徐君书
专　　业：电磁场与微波技术
导　　师：徐得名

上海大学出版社
·上海·

Shanghai University Doctoral
Dissertation (2005)

Investigation on the Technology of Low and Medium Power Rectenna

Candidate: Xu Jun-shu
Major: Electromagnetic Fields and
Microwave Techniques
Supervisor: Prof. Xu De-ming

Shanghai University Press
· **Shanghai** ·

上 海 大 学

本论文经答辩委员会全体委员审查,确认符合上海大学博士学位论文质量要求.

答辩委员会名单:

主任: **安同一**　教授,华东师范电子信息工程学院　200062

委员: **朱守正**　教授,华东师范电子工程系　　　　200062

　　　黄伟伦　高工,上海亚美微波仪器厂　　　　200230

　　　钟顺时　教授,上海大学通信工程系　　　　200072

　　　王子华　教授,上海大学通信工程系　　　　200072

导师: **徐得名**　教授,上海大学　　　　　　　　200072

答辩委员会对论文的评语

徐君书同学博士论文"中小功率的整流天线技术研究"来源于国家自然科学基金项目. 该选题为当今国际微波研究领域前沿,对新型能源开发和利用有重大实用价值. 选题具有前瞻性. 论文主要成果和创新点如下:

(1) 建立了在不锈钢管道内无缆探测微机器人的微波功能系统,包括微波激励装置和整流天线的接收装置. 重点解决了 TE_{11} 单模传输和极化失配问题,保证了微机器人驱动电机正常工作.

(2) 利用矢量网络分析仪和自行设计的微带 TRL 校准件(这是一项有相当难度的工作),提出直接测量微波二极管大信号特性的测试系统和二极管大信号 S 参数和输入阻抗测试方法,保证了微波/直流高转换效率. 这项工作已引起国际同行专家重视.

(3) 对自由空间整流天线从天线结构、整流电路及其相互间的孔径耦合问题进行了深入研究,获得四单元整流天线阵的高转换效率,达到了国际先进水平.

本论文理论联系实际,作者在数值计算、软件应用、微波测量以及天线设计等方面的知识得到较全面的锻炼与提高,具备了独立从事科研的能力. 论文层次分明、文笔流畅,理论与实验结果可信,答辩中回答问题正确,已达到博士论文水平.

答辩委员会表决结果

经答辩委员会表决,全票同意通过徐君书同学的博士学位论文答辩,建议授予工学博士学位.

答辩委员会主席:安同一

2005 年 6 月 19 日

摘　要

全球能源危机的提前到来,加快了人类开发利用空间太阳能能源的步伐,而空间太阳能卫星的提出,将会使人类全面开发利用太阳能逐步成为现实.作为太阳能卫星中的关键技术——微波输能技术,伴随着它在其他领域的广泛应用,对它的研究已经越来越有应用潜力和实际意义.

在国家自然科学基金重点项目(69889501)和国家自然科学基金项目(6017107)的资助下,本论文以设计出实际应用的高性能、高整流转换效率为目标,对整流天线技术进行了系统深入的研究.

本文的主要研究工作和创新成果有:

(1)利用微波输能技术的理论为不锈钢管道无缆探测微机器人建立了一套微波供能系统,它包括不锈钢管道微波激励装置和管道内微波能量接收装置(整流天线).激励装置使微波在管道内实现了以 TE°_{11} 单模传输,并解决了微波在不锈钢管道传输过程中的极化旋转以及能量传输的稳定性问题.实验测得工业用不锈钢管道的传输损耗为 1.3 dB/m,与计算结果 1.1 dB/m 比较吻合,表明此微波源激励装置可用于向管道内微机器人提供微波能源.在能量接收装置的设计中,针对管道内微波接收装置的特点(一是解决整流电路的尺寸受管道内径的制约,二是解决微机器人旋转作业时造成的微波极化方向失配),我们分别设计了管道内准八木天线和圆极化微带贴片天

线作为接收天线,整流电路采用了倍压电路形式,充分发挥了
HP‐HSMS‐8202 二极管的结构性能,最终对整个微波供能系
统的测试结果表明,此系统提供的直流电源能够保证管道内机
器人的驱动电机正常工作.

(2) 利用配有选件 085 的 Agilent 8722ES 矢量网络分析仪
和自行设计的微带 TRL 校准件,我们首次给出了一种能够直
接测量微波二极管大信号特性的测试系统(在已公开的资料中
没有直接测量二极管大信号特性的文章报道). 利用此系统可
直接测得二极管大信号 S 参数和输入阻抗,进而可由软件仿真
优化出二极管大信号的等效电路模型参数. 利用 HP‐
HSMS8202 二极管在 10 GHz 测量的大信号特性参数,设计了
一个相应的匹配整流电路,通过对其微波-直流的整流转换效率
的测试,验证了我们所设计的这套测量系统的准确性,此测量
方法可广泛适用于一般固态器件大信号的特性测量.

(3) 在二极管大信号特性的测量基础上,对自由空间中整
流天线单元和阵列进行了系统的研究,整流天线采用接收天线
与整流电路位于两个平面、其间的接地面提供辐射单元和整流
电路之间良好屏蔽的孔径耦合圆极化微带天线. 建立了一套微
波暗室内测量整流天线微波-直流转换效率的测试系统,最终测
试的四单元整流天线阵最大转换效率为 74%,达到了当前国外
整流天线研究的先进水平.

关键词　无线输能,管道微机器人,整流天线,微带圆极化
天线,时域有限差分法

Abstract

With the global energy crisis coming, human being is speeding his pace to develop and utilize the solar power. This will become true when the space solar power satellite (SSPS) was presented. Recent teens years, the microwave power transmission technique as the important role in the SSPS has expanded its applications in other fields, so it is become very significative and tremendous application potentials.

The rectenna technique has been systematically and deeply investigated in both theory and experiment. This work was supported by National Natural Science Foundation of China.

The major contributions of the work presented in this thesis are listed as follows:

(1) The microwave energy supply system for in-pipe inspect micromachine was set up by using microwave transmission theory. This system concludes microwave energy exciting device and the power receiving device (rectenna). The exciting device keeps the microwave transmission with single TE°_{11} mode, and it solves the problem resulting from polarization rotation and power transmission stability. The measured transmission attenuation of 1. 3 dB/m was in good agreement with the calculated results of 1. 1 dB/m, so the

exciting device can be used to supply power to in-pipe micromachine. Due to the small size of the pipe and polarization rotation because of the micromachine rotation, we designed two type receiving antennas, one is quasi-Yagi antenna, the other is circularly polarized microstrip antenna. To produce higher output voltages than would be produced by a single diode, A voltage doubler was realized using the two series diodes in the HP – HSMS8202.

The experiment results prove that this energy supply system can keep the motor of micromachine in-pipe work normally.

（2）An Agilent 8722ES Network Analyzer with option 085 was configured to directly measure the diode large signal characteristics. Meanwhile, we also designed a set of accurate TRL calibration kits. Using the measurement system we can directly get the large signal S parameter and the input impedance of the diode, then Ansoft Harmonic software was used to determine the diode equivalent circuit parameters by the optimize command that curve fits the diode circuit model to the measured S parameter data. A corresponding matching circuit was designed by using the diode measured data. The experiment results of the rectifying circuit microwave-DC conversion efficiency proved our measurement system is accurate. This measurement method is quite general and can be used for characterizing surface-mount devices under large signal operation conditions.

Rectenna element and rectenna array in free space were

studied in detail. Aperture-coupled circularly polarized microstrip rectenna was given. For this type rectenna, the receiving antenna and rectifying circuit were placed in two different planes; there is a groundplane between them it serves as a very effective shield between the radiating aperture and the rectifying circuit.

（3） A measurement system in microwave anechoic chamber was established to test microwave-DC conversion efficiency of the rectennas. The final measurement results of the four elements rectenna array were quite good. A maximum conversion efficiency of 74.5% was achieved. This result has reached international advanced level.

Key words wireless power transmission, in-pipe micromachine, rectenna, circularly polarized microstrip antenna, finite-difference time-domain method

目　录

第一章　绪　　论

1.1　课题来源

● 国家自然科学基金重点项目(69889501)的子项目,起止日期:
2000 年 01 月~2003 年 08 月,经费:10 万.

● 国家自然科学基金项目"中小功率的整流天线技术研究"
(6017107),起止日期:2002 年 01 月~2004 年 12 月,经费:20 万.

1.2　课题研究的目的和意义

世界经济的现代化,得益于化石能源,如石油、天然气、煤炭与核
裂变能的广泛投入应用,因而它是建立在化石能源基础之上的一种
经济.然而,由于这一经济的资源载体将在 21 世纪上半叶迅速地接近
枯竭,据能源专家综合估算,可支配的石油储量大约在 2050 年左右宣
告枯竭,煤、天然气、铀矿等其他化石能源也将在不久的将来被开采
利用殆尽.世界能源危机早在 1973 年就从美国发生,20 世纪 90 年代
初期,我国的能源尚可自给自足.而进入 21 世纪随着我国经济快速发
展,我国的能源战略问题已日益突出,自去年起全国电力供求持续偏
紧已是一个不争的事实,尤以今年最为严重.截止到目前,全国共有
24 个省级电网拉闸限电,据专家估计我国直到 2006 年随着加大对能
源的投资,全国缺电的现象才能有望初步缓解.面对能源危机,开源
节流已经成为摆在我们面前的严峻考验.中国科学院经过对国内能
源储备和应用的调研分析后,在名为《中国未来能源发展战略咨询报
告》中建议:目前就全国而言,急需发展低成本、方便的新技术,以适

应不同地区的需要. 太阳能利用最经济实惠,是中国乃至世界面临能源危机的最佳解决方案. 太阳能同时符合新能源的两个条件:一是蕴藏丰富、不会枯竭;二是安全、干净. 科学研究表明,照射在地球上的太阳能非常巨大,大约 40 min 照射在地球上的太阳能,便足以供全球人类一年能量的消耗. 而且太阳能发电绝对干净,完全符合当前全球能源危机下新能源的选择标准[1]. 早在 20 世纪 50 年代美国等西方国家就提出了加大利用太阳能力度的太阳能卫星(SPS-Solar Power Satellite)方案[2,3],它就是将太空中的太阳能先转换成电能再通过微波能的形式将能量传到地面上再转换成电能加以利用. 太阳能卫星中一个关键技术就是无线输能技术(WPT-Wireless Power Transmission).

近代无线输能技术的系统研究是从 20 世纪 60 年代初开始的,它除了应用在太阳能卫星之外,还有其他许多具体的应用领域如直升飞机空中通信接力平台[4],此飞机的飞行高度可从 5 千英尺到 10 万英尺,其功能相当于一颗近地小卫星,可作为空中通信平台和对地进行勘测,因其造价、维护费用低(相对于卫星而言)以及军事上的潜在应用前景,因而一直受到西方发达国家的青睐;还有地面两地间输送电能,以解决沙漠、孤岛、峡谷等复杂环境中的电能输送问题;90 年代以来,微波集成和半导体技术的发展又为无线输能开拓了新的应用领域——微系统领域,如电子标签和微机械[5,6]. 微机械因其体积小重量轻,限制了其在机燃料和电池寿命,而无线输能系统可弥补此缺陷. 此外,据报道西方一些国家(美、俄等)和日本都在秘密地积极研究未来战场上的微型武器,如微型侦察机、'麻雀'卫星、'苍蝇'飞机、'蚂蚁'士兵等等,这些未来战场上的微型武器的能源供给很有可能是无线输能技术的潜在应用领域.

无线输能系统的核心技术是整流天线 Rectenna(Rectifying Antenna),它是由接收天线、匹配网络、整流二极管、直流负载组成的能高效地将微波转换成直流的装置. 在某些频段整流效率可达 80% 左右,其工作频率也由早期的 2.45 GHz 发展到 5.8 GHz、10 GHz、

35 GHz. 随着微波输能技术应用领域的扩大(大到太阳能卫星小到微机械),整流天线技术既向小型化也向阵列化发展. 据报道 1998 年,日本研制了一个由 256 个子阵组成的 3.25 m×3.6 m 大型整流天线阵[7],也研制了直径小于 10 mm 的用于管道探测无缆机器人系统的微型整流天线. 无线输能是基于电磁场理论、微波技术、微电子等多学科交叉的新研究热点,它正日益受到世界各国的重视.

经过几十年的发展,微波技术在我国已具有雄厚的理论和技术基础,开展无线输能系统研究的技术条件已经成熟. 国内已有这方面的资料和文章发表,但大多限于综述性报道,研究工作还没有真正起步. 鉴于无线输能技术的独特优点和广泛应用前景,尽快开拓这方面的研究对我国经济、政治和军事都有重大的现实意义.

1.3 无线输能技术

1.3.1 微波输能技术基本概念

无线输能技术顾名思义就是利用无线电波来传送能量,现在它主要有两种形式,一种是利用激光进行能量传送,另外一种就是利用微波进行能量传送即微波输能技术. 激光在传输过程是直线传输,所以其能量密度大,传输效率高,不过其激光-直流的转换效率比较低,近年来人们在固体激光器的研究方面取得了巨大的进展. 未来几年,激光器的激光-直流的转换效率将可能达到 20%～30%,激光传输受大气影响比较大,对传输路径上的生物体损坏比较大,这是它的缺点;微波输能由于微波理论研究比较成熟,其研究团体比较多,当前其微波-直流的转换效率达到了 85%,相对于激光器件其制作成本非常低,所以它成为了目前无线输能研究的主要形式,但它也有不足的方面,例如微波传输是以微波束的形式,所以它需要的能量接收部分面积庞大,另外它可能对卫星通信和长期暴露在微波束里边的人们的生活产生一定的影响. 下面我们主要对微波输能技术进行讨论. 微

波输能技术的示意图如图 1-1 所示,利用微波激励源将电能转换成
微波能,进过发射天线将微波能发射到自由空间,由微波能量接收装
置将微波能接收并转换成直流电,实现点对点间的能量传送. 微波源
发射部分中将电能转换成微波能的可以使用价格低廉的微波炉磁控
管,研究发现微波磁控管外加无源电路作为发射天线的放大器,其电
能-微波能的转换效率非常高. 微波在发射天线和接收天线间的自由
空间传输,只要发射天线和接收天线的口径分布满足一定的条件,其
传输效率可接近 100%,传输效率与两天线参数的关系曲线如图 1-2
所示[8].

$$\tau = \frac{\sqrt{A_r A_t}}{\lambda D} \qquad (1-1)$$

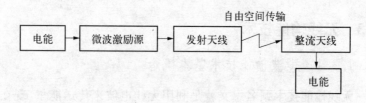

图 1-1 微波输能

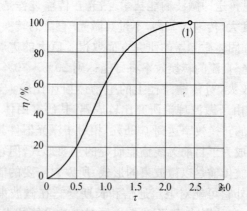

图 1-2 自由空间中微波传输效率与 τ 的关系

其中，A_r、A_t 分别是接收天线与发射天线的有效口径面积，λ 是辐射波长，D 为两天线间的距离. 目前已研究的适合于微波能高效传输的口径分布的形式有高斯型、椭球函数型及广义椭球函数型，这些口径分布均可由卡塞格林天线来实现[9].

微波能量接收装置最普遍的形式是整流天线（rectenna），如图 1-3 所示整流天线由接收天线和整流电路两部分组成，匹配网络 1 实现天线和整流二极管的阻抗匹配并滤除高次谐波分量，匹配网络 2 滤除高频分量避免其对负载的影响. 整流天线的效率可分为接收天线的接收效率和整流电路的整流效率两部分，接收天线的效率依赖于天线的优化设计，其中要考虑波导传输线与天线的匹配优化，目前用在微波输能中的接收天线的类型主要有单极振子天线、偶极子天线和微带贴片天线几种. 整流电路的整流效率直接由整流二极管的特性参数、二极管与天线的阻抗匹配特性以及匹配网络对高次模抑制的性能决定. 目前整流天线的微波-直流的转换效率比较有代表性的是 85%[10].

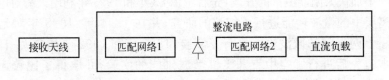

图 1-3   整流天线结构

1.3.2   微波输能技术的发展

利用无线电波传输能量最早是由赫兹提出的，他论证了电磁波可由瞬间高压电弧产生在自由空间传输后由接收设备可检测到的理论. 不过，直到 1899 年才由美国人特斯拉在科罗拉多实验验证了赫兹的这个理论. 特斯拉建造了一个巨大的直径 3 英尺的线圈球体，此线圈球体谐振在 150 000 Hz 被输入 300 kW 的电能，瞬间的高压电弧产生电磁波向外辐射，不过可惜的是在相隔一定距离的接收线圈是否检测到能量却没有相关的记载. 直到 19 世纪 30 年代, H. V. Noble 在威斯丁豪斯实验室做了另一个无线输能的实验, 他用两个相距 25 英尺的偶极子天线作为发射端和接收端, 最终在接收的偶极子天线上获得了几百瓦的能量. 1964 年～1968 年是微波输能技术发展历程上的一个里程碑, 1964 年, 美国人 Bill Brown 提出了一个能高效的将微波能转换成直流的装置-整流天线, 1965 年～1968 年美国雷声公司进行了微波驱动空中直升飞机的实验, 1968 年美国人 P. Glaser 博士提出了太阳能卫星的概念, 此太阳能卫星工作在 S 波段(2.45 GHz), 它直接从太阳辐射中获取能量并将其转换成微波能, 以微波束的形式定向传送到地面上大型的能量接收整流天线阵. 发生于 20 世纪 70 年代的美国石油危机进一步促进了微波输能技术的发展, 前苏联、日本、加拿大等国也相继展开了对微波输能技术的研究, 微波输能技术也取得了非常显著的成果, 1975 年, 美国 JPL 国家推进实验室进行了两地间的微波输能实验, 在微波能接收端得到了 30 kW 的直流能量, 1977 年 Bill Brown 研究的整流天线达到了 90.5％ 的转换效率, 日本为了加快太阳能卫星的开发, 先后于 1983 年和 1993 年利用火箭对电离层中的微波输能进行了细致的研究, 并在 1994 年、1995 年对地面上两点间的微波输能进行了实验, 1987 年和 1992 年加拿大、日本也先后进行了空中直升飞机微波供能的实验, 并取得了比较大的成功. 随着微波输能技术应用领域的不断拓展, 如射频无源 RFID 技术以及微机械微波供能等等, 德国、法国、中国、乌克兰、芬兰、新加坡等国家也先后加入到微波输能技术的研究开发当中.

微波输能技术的不断发展使其直流-直流能量转换的效率从 1963 年第一次完整 WPT 技术演示的 15％ 提高到目前的 70％; 微波传输工作频率也在不断提高, 由于不同频率的微波受大气层的衰减影响不同, 过去都倾向于 2.45 GHz, 该频率微波受大气衰减小, 相关技术比较成熟. 近年来, 随着高频技术的发展, 相关技术有了显著提高, 采用高频可大大减小 WPT 系统体积, 从而可降低整个系统的成本,所以在微波输能技术中,采用更高的频率如 5.8 GHz、10 GHz、35 GHz、94 GHz 甚至 245 GHz 成为目前微波输能的攻关方向.

从最近微波输能技术应用发展的趋势来看,微波输能技术的研究主要还是围绕着太阳能卫星的应用开展的,尤其是资源匮乏的日本对太阳能卫星的开发投入了极大的热情,并成立了专门的研究组织,与美国合作制定了详细的未来开发太阳能卫星的计划,相信不久的将来,我们人类全面开发利用太阳能将能成为现实.

我国微波技术的发展基本上是基于微波信息的传输,微波作为输能手段的研究还是刚刚起步,目前已知的拥有国家资金资助的主要还是我们这里,我们也只是对微波输能技术中的整流天线技术进行了一些研究,还没有对整个系统进行全面的研究,将来的工作还有很长的路要走.

1.3.3 微波输能技术的应用

太阳能卫星

世界经济的迅速发展,对能源的需求越来越大.地球矿物资源的大量开采与消耗,使石油、煤炭资源日趋短缺.过量消耗矿物燃料造成地球生态环境的恶化,也促使人们寻找新能源和各种可再生能源.由于空间太阳能具有能流密度大(约为地面上的四倍以上)、持续稳定、不受昼夜气候影响、洁净、无污染等优点,且随着人类征服太空能力的加强,利用空间太阳能发电 SPS(Solar Power from Space)已越来越受世界各国的关注.现代空间太阳能发电的构想——太阳能卫星(Solar Power Satellite)最早由美国的 Glaser 博士于 1968 年提出,其基本构想是在地球同步轨道上建立太阳能发电卫星基地,将取之不尽的太阳能转换成电能,然后通过微波发生器将电能转换成微波能,再由天线定向辐射到地球上的微波能量接收装置——整流天线阵,如图 1-4.

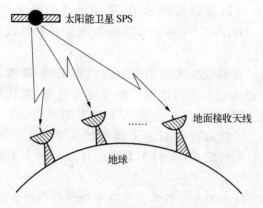

图 1-4　太阳能卫星示意图

　　为了加快实现空间发电的构想.一些发达国家如美、日、法、俄等先后开展了空间电站的可行性论证,并对其中的关键技术——无线电能传输 WPT 技术(Wireless Power Transmission)作了大量的研究工作.1977 年~1980 年,美国能源部和美国宇航局共同组织研究,投入 2 000 万美元对 SPS 计划进行了概念研究并得出结论:实施 SPS 计划不存在不可克服的技术困难.当时设计了一种称为"参考系"的空间太阳能发电卫星系统:由六十块太阳能面板组成,每块长 10 km,宽 5 km,输出电力 500 万 kW,总发电量 3 亿 kW,以便使用这样一颗发电卫星取代美国所有的地面发电设施.由于该系统过于庞大,需要巨额投资(约 3 000 亿美元),1980 年后中止了 SPS 计划有组织的研究;但是与 SPS 相关的一些研究工作仍在进行中.自 20 世纪 80 年代以来,空间太阳能发电系统的工作受到了国际上的广泛重视.技术实力雄厚的美国和能源资源短缺的日本,大力开展了 SPS 的各项工作;德国、俄罗斯等也投入了相当的研究力量.1995 年~2000 年,美国政府又重新重视这一问题的研究,美国宇航局 NASA 成立了专门的研究组又一次对这一设想进行论证.此次研究与 20 世纪 70 年代末的研究有很大的区别,更加侧重全面、细致、科学地分析经济和技术的可行性,在方案上也有很大不同.以世界能源的储备、需求及能源技术

的发展为背景,在分析了 21 世纪的能源构成和电力价格后,研究组提出:

(1) 全球对电力的需求大于对其他能源的需求,尤其是占全球人口 80% 以上的发展中国家. 随着经济的发展,电力的需求会越来越大,所以电力市场的前景看好.

(2) 考虑到核聚变技术研究的现状和发展速度以及现行能源的使用对环境的影响,在 21 世纪,空间太阳能发电将是人类唯一可行的大规模生产电能技术.

据研究组的估计,在 2010 年以后,空间太阳能发电将逐渐实用化. 研究组向美国政府提出建议:应当恢复对空间太阳能发电系统的研究. 同时研究组还提出了六种较为可行的方案,如光伏电池发电的太阳塔、地球同步轨道发电、通过中轨道或低轨道中继卫星输电等.

日本宇宙科学研究所于 1987 年成立专门的 SPS 太阳能发电卫星研究组,在他们的 SPS 研究组下又分成 13 个专题小组开展系统和技术及对环境影响两个方面的研究. 在吸取美国 SPS 发电卫星的经验基础上,该研究组强调了发电卫星研究的实际性和应用性,提出了两个 SPS 空间发电卫星模型. 一个是利用热动力机械发电的"可储存能源的轨道发电站"(ESOPS),功率为 70 MW. 另一个是利用太阳能电池发电的 SPS 2000,功率为 10 MW. 1993 年完成了 SPS 2000 卫星的模型设计.

日本曾对建造空间太阳能发电系统过于乐观,在 20 世纪 90 年代,日本建造了空间太阳能发电系统的地面配套设施,并先后与 4 个赤道国家(坦桑尼亚、巴布亚新几内亚、巴西和印度尼西亚)的政府签订了在这些国家建立地面微波接收站的协议. 日本还和这些国家的一些科研机构、大学签订了合作协议,共同研究、开发空间太阳能发电技术,原计划 2000 年以前就将 SPS 2000 卫星发射到太空,但由于费用高昂,这一计划被搁浅.

由于 SPS 方案具有商业价值,可得到工业界的支持,因而国际上越来越重视 SPS 计划的发展. 1991 年在巴黎召开了太阳能空间发电卫星的国际会议. 1992 年在美国召开了太阳能发电卫星最重要的配套技术之一的微波输电的第一次会议.在欧洲,法国电力学会探讨了空间的电力输送问题.1995 年夏季,来自 16 个国家的国际航天界知名人士在日本神户国际空间大学进行了题为"2020 年发展远景"(Vision 2020)的研究,并撰写了研究报告.该研究得到了美国宇航局和加拿大空间局的支持,欧空局对研究结果也非常重视,并把部分内容吸收进欧空局的航天发展远景预测报告.该报告提出了四项基本计划,其中一项是发展 SPS 太阳能发电卫星系统,并预计 2010 年～2020 年太阳能发电卫星开始进入实用阶段.1996 年 12 月,在法国留尼旺岛举行了国际太阳能卫星系统研讨会.1997 年 8 月,在加拿大蒙特利尔,举行了第四届国际空间能源利用会议(SPS'97)和第三届国际无线输电会议.2003 年,在日本召开了一个日美联合开发空间太阳能卫星专题会议,两国科学家对两国以前的研究工作进行了总结,并提出了未来的发展计划,力争在 2010 年发射一颗实验太阳能卫星,2020 年实现太阳能卫星的广泛实用化.附录中附图 1、附图 2 是未来太阳能卫星模拟图,附图 3 是太阳能卫星地面整流天线阵设想图,附图 4 是日本为太阳能卫星研发的整流天线阵[11～52].

高空永久飞行通信平台

在 20 世纪 60 年代,研究人员就提出了利用高空永久飞行通信平台来代替通信卫星,如图 1-5,在地球同温层建立微波供能无人直升飞机作为通信平台或者遥感、侦察卫星,它的优点是成本远远低于一般的卫星.1964 年美国雷声公司首先进行了微波驱动直升飞机试验[53,54],飞行高度约为 18 m,如附录附图 5;1987 年加拿大进行了一个被称作 SHARP 的微波驱动直升飞机模型试验[55,56],在 150 m 高度上飞行了 20 min,微波频率为 5 GHz,发射系统使用了两个水冷磁控管,微波能量束是由一个直径 4.5 m 的抛物面天线发射;1992 年日本也做了一个微波驱动飞机的试验(MILAX),飞机是一个翼展 2.5 m 重 4 kg 的木质飞机,飞机成功飞行了 40 s,飞行高度约为 15 m,发射天线采用了高灵敏度相控阵天线,用电控方法精确导引微波能量束方向,见附录附图 6[57～59].

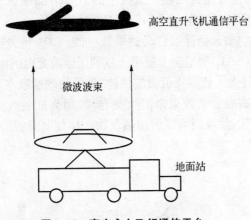

高空直升飞机通信平台

微波波束

地面站

图 1-5 高空永久飞行通信平台

两地间微波输电

微波输电主要属于地对地的微波输能系统,传统的高压输电线的架设,既耗物力又耗人力,对地理环境较为复杂的山区、荒漠、孤岛更是如此.无线化是目前信息与能量传输的发展趋势,用先进的微波输电手段代替高压输电线也是欧美日等发达国家正在努力的方向.

1975 年美国国家喷气推进实验室 JPL 在加州演示了收发两端相距 1 英里的微波功率传输系统[60],该系统接收端整流天线得到了 30 kW 的直流功率,试验图片见附录附图 7.1994 年~1995 年日本也进行了地面上两点间的微波输能实验,接收装置是一个 3.2 m×3.6 m 的大型整流天线阵,见附录附图 8,整个整流天线阵的微波-直流转换效率达到了 46%.1996 年 12 月,法国在美国、俄罗斯、日本等国支持下,成功研制了一个微波输能系统,此系统以留尼旺岛冈巴桑峡谷电能传输为系统设计要求[61],将电能以微波波束的形式从峡谷的顶端传送到底部,解决了峡谷内小村庄的生活、通信用电问题.

微波输能的其他应用

射频识别卡(RFID),RFID 的广泛应用使其无源设计成为发展的一个趋势,利用微波输能来提供 RFID 所需的电源是一个很好的解决方法.如高速公路自动收费系统中的 RFID,图像识别 RFID,火车货运车皮 RFID,石油管道 RFID 等等[62~66].

哈勃太空望远镜伸展臂马达微波供能;2004 年美国底特律汽车工程师协会(SAE)展览会上展出一款利用微波充电的电动汽车,其原理如图 1-6;无人侦察飞机微波供能;美国物理学家本·伊斯特兰正在研究利用高能量微波束来消灭龙卷风,用高能微波束照射下沉的龙卷风冷空气,就像用微波炉加热食物一样使其升温,从而破坏龙卷风的形成.

图 1-6 微波充电的电动汽车

1.3.4 微波输能技术国内外研究团体

为了更多地了解国内外微波输能技术研究的现状,我们对国内外微波输能技术的研究团体做了统计[67~92],以发表文章和互联网查阅的资料为准.

国　家	研　究　单　位
美　国	University of Texas at Dallas, Texas A & M University,国家喷气推进实验室(JPL), NASA, University of California,美国雷声公司, University of Colorado, University of Houston, University of Alaska Fairbanks, Johnson Space Center, SUNSAT Energy Council, auburn University, Naval Postgraduate School

续 表

国 家	研 究 单 位
俄罗斯	莫斯科大学,Russian Academy of Sciences, Moscow Technical University, Moscow Aviation Institute, Moscow Power Engineering Institute, Moscow Technology University, Petersburg Electrotechnical University, State Technical University
日 本	Kobe University, Musashi Institute of Technology, Saitama Institute of Technology, Nissan motor co. ltd, Kanazawa Institute of Technology, Yokosuka Radio Communications Research Center, Kyoto University, Tokai University, Kanto Gakuin University, Kokushikan University, Tohoku University, NASDA, METI
德 国	Technique University Munchen, University of Magdeburg, Stuttgart University, Daimler-Benz Research Center
中 国	上海大学,电子科技大学,上海空间电源研究所
法 国	International Space University
意大利	University of Pavia
以色列	Center for Technological Education Holon, WaveArt Technologies Ltd
波 兰	Bydgoszca kazimierz Wielki University
芬 兰	Tampere University of Technology
新加坡	新加坡国立大学
澳大利亚	University of New South Wales
马来西亚	University Technology Malaysia
韩 国	Kyungnam University
加拿大	国家通信研究中心

　　从上表中可以看出,随着微波输能技术应用的日趋广泛及各个国家对太阳能卫星的日益重视,越来越多的国家开始加入此项研究领域.微波输能是一个横跨多个学科的研究领域,对它的研究将有助于材料科学、信息科学、空间科学、资源与环境科学的发展,我们

国家的微波输能技术研究刚刚起步,基础力量还比较薄弱,希望有关部门对微波输能的研究予以充分的重视,制定一个微波输能的长远发展规划,使我国微波输能的理论与应用研究赶上和超过世界先进水平.

1.4 本论文的研究内容和主要贡献

本论文的研究内容

第一章 概述无线输能技术的发展和当前的应用领域,介绍了当前国内外对微波输能技术研究的团体,阐述本论文的研究内容.

第二章 将采用理想匹配层(PML)吸收边界条件的时域有限差分法(FDTD)推广到分析圆波导内的微带天线,推导出了 FDTD 结合 PML 吸收边界条件分析圆波导内微带天线的公式,并用此方法设计了一个圆波导内的微带天线,测量结果与计算结果基本一致,验证了此设计和分析方法的可行性.

第三章 在国家自然科学基金重点项目(69889501)的子项目中,利用微波输能技术的理论为不锈钢管道无缆探测微机器人建立了一套微波供能系统,它包括不锈钢管道微波激励装置和管道内微波能量接收装置(整流天线). 激励装置使微波在管道内实现了以 TE°_{11} 单模传输,并解决了微波在不锈钢管道传输过程中的极化旋转以及能量传输的稳定性问题. 针对管道内微波接收装置的特点(一是解决整流电路的尺寸受管道内径的制约,二是解决微机器人旋转作业时造成的微波极化方向失配),我们分别设计了管道内准八木整流天线和圆极化微带贴片整流天线,整流电路采用了倍压电路形式. 最终对整个微波供能系统的测试结果表明,此系统提供的直流电源能够保证管道内机器人的驱动电机正常工作.

第四章 利用 Aglient 8722ES 矢量网络分析仪及其选件 Option 085 我们首次给出了一种能够直接测量微波二极管大信号

特性的测试系统(在已公开的资料中没有直接测量二极管大信号特性的文章报道),并设计了一套精准的 TRL 微带校准件,利用此系统可直接测得二极管大信号 S 参数和输入阻抗.利用此测试系统我们对 HP - HSMS8202 二极管在 10 GHz 时的大信号特性进行了测量,并设计了一个相应的匹配整流电路,通过测量其微波-直流的整流转换效率,验证了我们所设计的这套测量系统的准确性.

第五章 在二极管大信号特性的测量基础上,对自由空间中整流天线单元和阵列进行了系统的研究,整流天线单元采用接收天线与整流电路处在两个平面、其间的接地面提供辐射单元和整流电路之间良好屏蔽的孔径耦合圆极化微带整流天线.建立了一套微波暗室测量整流天线微波-直流转换效率的测试系统,最终测试的四单元整流天线阵转换效率为 74%,达到了当前国外对整流天线研究的先进水平.

第六章 给出本论文的有关结论.

本论文的主要贡献

1. 将采用理想匹配层(PML)吸收边界条件的时域有限差分法(FDTD)推广到分析圆波导内的微带天线,推导出了 FDTD 结合 PML 吸收边界条件分析圆波导内微带天线的公式.利用此方法设计的一个圆波导内的微带天线,测量结果与计算结果基本一致,验证了此分析方法的可行性,最后利用此方法成功设计了一个圆波导内的圆极化微带天线.

2. 为国家自然科学基金重点项目(69889501)设计了一套管道无缆探测微机器人微波供能系统,微波源激励装置解决了微波在不锈钢管道传输过程中的极化旋转以及能量传输的稳定性问题,能量接收装置采用了圆极化微带整流天线,解决了由于管道内机器人旋转作业时产生的极化旋转问题.最终的测试结果表明,整个供能系统能够保证管道内机器人驱动电机正常工作.

3. 我们首次给出了一种基于 Aglient 8722ES 矢量网络分析仪及

其选件 Option085 的能够直接测量微波二极管大信号特性的测试系统(在已公开的资料中没有直接测量二极管大信号特性的文章报道),并设计了一套精准的 TRL 微带校准件,掌握了设计加工 TRL 校准件的工艺流程. 这套测试方法可广泛适用于一般固态器件大信号特性的测量. 为我国今后测量固态器件大信号特性打下了坚实的基础.

4. 对自由空间中整流天线单元和阵列进行了系统深入的研究,整流天线单元采用采用了新颖的孔径耦合圆极化微带整流天线. 此整流天线接收天线与整流电路处在两个不同的平面上、其间的接地面提供辐射单元和整流电路之间良好屏蔽. 设计了一个四单元的整流天线阵,建立了一套微波暗室测量整流天线微波-直流转换效率的测试系统,最终测试的四单元整流天线阵转换效率为 74%,此整流天线阵的整体性能达到了当前国外研究的先进水平. 在我们国内,我们是第一家比较系统地研究微波输能技术的单位(少数单位只有综述性的文章发表),所以我们的研究将为我国今后进行微波输能技术研究打下了坚实的基础,积累了丰富的经验.

第二章 时域有限差分法分析
管道中的微带天线

2.1 引言

  微带天线是近年来发展非常迅速的一种天线,目前已有许多分析微带天线的电磁计算方法,常用的有传输线模型法[93]、空腔模型法[94]、矩量法[95]、有限元法[96]和时域有限差分法(Finite-Difference Time-Domain Method)[97~99].作为一种近年来兴起的电磁场数值计算方法,时域有限差分法在计算微带贴片天线的特性上具有一些很突出的优点:(1)适合模拟各种复杂的电磁结构,用 FDTD 的离散空间网点可以很精确的模拟微带天线(阵)的实际结构;(2)易于得到计算空间场的暂态分布情况,这既便于定性理解其工作的物理过程,又便于得到供定量分析的有关电参量;(3)通过一次时域计算,即能得到一个频域上的天线参量(如输入阻抗、辐射图等)和宽频信息;(4)由于微带天线的几何结构尺寸一般不会比工作频带上的最短波长大很多,因此不会出现需用巨额数量网格的问题,即分析计算时不会出现存储量过大的问题.这些明显的特点可使 FDTD 对微带天线进行精确的电磁仿真分析.

2.2 时域有限差分法及 PML 理想匹配层边界条件

  时域有限差分法(Finite-Difference Time-Domain Method)是一种应用广泛的分析电磁问题的数值计算方法[100],它把含时间变量的 Maxwell 旋度方程在 Yee 氏网格空间中转换为差分方程,在时域中直接进行近似求解,在每一时间步计算网格空间各点的电场分量和磁场分量,随着时间步的推进能直接模拟电磁波的传播及其与物体的相互作用(见图 2-1).

Maxwell 两个旋度方程在直角坐标系中可展开成 6 个标量场分量方程(2-1a)～(2-1f):

$$\frac{\partial E_x}{\partial t} = \frac{1}{\varepsilon}\left(\frac{\partial H_z}{\partial y} - \frac{\partial H_y}{\partial z}\right) \qquad (2-1a)$$

$$\frac{\partial E_y}{\partial t} = \frac{1}{\varepsilon}\left(\frac{\partial H_x}{\partial z} - \frac{\partial H_z}{\partial x}\right) \qquad (2-1b)$$

$$\frac{\partial E_z}{\partial t} = \frac{1}{\varepsilon}\left(\frac{\partial H_y}{\partial x} - \frac{\partial H_x}{\partial y}\right) \qquad (2-1c)$$

$$\frac{\partial H_x}{\partial t} = \frac{1}{\mu}\left(\frac{\partial E_y}{\partial z} - \frac{\partial E_z}{\partial y}\right) \qquad (2-1d)$$

$$\frac{\partial H_y}{\partial t} = \frac{1}{\mu}\left(\frac{\partial E_z}{\partial x} - \frac{\partial E_x}{\partial z}\right) \qquad (2-1e)$$

$$\frac{\partial H_z}{\partial t} = \frac{1}{\mu}\left(\frac{\partial E_x}{\partial y} - \frac{\partial E_y}{\partial x}\right) \qquad (2-1f)$$

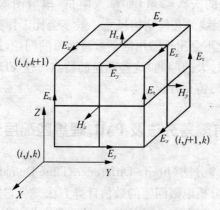

图 2-1　Yee 氏网格单元上的场量分布

上述 Maxwell 6 个标量方程在 Yee 氏网格中的 FDTD 差分方程为$(2-2a)\sim(2-2f)$.

$$E_x^{n+1}(i+1/2,\,j,\,k)=E_x^n(i+1/2,\,j,\,k)+\frac{\Delta t}{\varepsilon\Delta y}\left[H_z^{n+1/2}(i+1/2,\right.$$

$$\left.j+1/2,\,k)-H_z^{n+1/2}(i+1/2,\,j-1/2,\,k)\right]-$$

$$\frac{\Delta t}{\varepsilon\Delta z}\left[H_y^{n+1/2}(i+1/2,\,j,\,k+1/2)-\right.$$

$$\left.H_y^{n+1/2}(i+1/2,\,j,\,k-1/2)\right]$$

$$(2-2a)$$

$$E_y^{n+1}(i,\,j+1/2,\,k)=E_y^n(i,\,j+1/2,\,k)+\frac{\Delta t}{\varepsilon\Delta z}\left[H_x^{n+1/2}(i,\,j+1/2,\right.$$

$$\left.k+1/2)-H_x^{n+1/2}(i,\,j+1/2,\,k-1/2)\right]-$$

$$\frac{\Delta t}{\varepsilon\Delta x}\left[H_z^{n+1/2}(i+1/2,\,j+1/2,\,k)-\right.$$

$$\left.H_z^{n+1/2}(i-1/2,\,j+1/2,\,k)\right]$$

$$(2-2b)$$

$$E_z^{n+1}(i,\,j,\,k+1/2)=E_z^n(i,\,j,\,k+1/2)+\frac{\Delta t}{\varepsilon\Delta x}\left[H_y^{n+1/2}(i+1/2,\right.$$

$$\left.j,\,k+1/2)-H_y^{n+1/2}(i-1/2,\,j,\,k+1/2)\right]-$$

$$\frac{\Delta t}{\varepsilon\Delta y}\left[H_x^{n+1/2}(i,\,j+1/2,\,k+1/2)-\right.$$

$$\left.H_x^{n+1/2}(i,\,j-1/2,\,k+1/2)\right]$$

$$(2-2c)$$

$$H_x^{n+1/2}(i,\,j+1/2,\,k+1/2)=H_x^{n-1/2}(i,\,j+1/2,\,k+1/2)+$$

$$\frac{\Delta t}{\mu\Delta z}\left[E_y^n(i,\,j+1/2,\,k+1)-\right.$$

$$\left.E_y^n(i,\,j+1/2,\,k)\right]-$$

$$\frac{\Delta t}{\mu \Delta y}[E_z^n(i,\,j+1,\,k+1/2)-$$

$$E_z^n(i,\,j,\,k+1/2)] \qquad (2-2\mathrm{d})$$

$$H_y^{n+1/2}(i+1/2,\,j,\,k+1/2) = H_y^{n-1/2}(i+1/2,\,j,\,k+1/2)+$$

$$\frac{\Delta t}{\mu \Delta x}[E_z^n(i+1,\,j,\,k+1/2)-$$

$$E_z^n(i,\,j,\,k+1/2)]-$$

$$\frac{\Delta t}{\mu \Delta z}[E_x^n(i+1/2,\,j,\,k+1)-$$

$$E_x^n(i+1/2,\,j,\,k)] \qquad (2-2\mathrm{e})$$

$$H_z^{n+1/2}(i+1/2,\,j+1/2,\,k) = H_z^{n-1/2}(i+1/2,\,j+1/2,\,k)+$$

$$\frac{\Delta t}{\mu \Delta y}[E_x^n(i+1/2,\,j+1,\,k)-$$

$$E_x^n(i+1/2,\,j,\,k)]-$$

$$\frac{\Delta t}{\mu \Delta x}[E_y^n(i+1,\,j+1/2,\,k)-$$

$$E_y^n(i,\,j+1/2,\,k)] \qquad (2-2\mathrm{f})$$

差分方程中时间步长 Δt 与空间步长 Δx, Δy, Δz 之间必须满足式(2-3)的条件才能获得稳定的数值解,否则随着计算步数的增加被计算的场量数值会无限制地增大.

$$\Delta t \leqslant \frac{1}{v\sqrt{\left(\frac{1}{\Delta x}\right)^2+\left(\frac{1}{\Delta y}\right)^2+\left(\frac{1}{\Delta z}\right)^2}} \qquad (2-3)$$

若采用均匀立方体网格,则 $\Delta x = \Delta y = \Delta z = \Delta s$,于是数值稳定性条件简化为

$$\Delta t \leqslant \frac{\Delta s}{v\sqrt{3}} \qquad\qquad (2-4)$$

对于大多数电磁问题,其物理结构是开放的,必须引入适当的吸收边界条件把计算空间截断,从而将无限结构的电磁问题转化为有限结构的电磁问题进行分析. 吸收边界条件是 FDTD 电磁场计算中的一个关键问题,Berenge 及 Holland 使用匹配层(ML)吸收边界条件,在计算空间周围设置匹配的吸收边界层,使外行波被吸收,但这种方法只对垂直入射到边界的电磁场无反射. 后来,Berenger 又提出了完全匹配层(Perfectly Matched Layer)吸收边界条件的概念[101,102],该方法具有明显的优越性:首先,它可以更大幅度的减小计算空间,降低对计算存储空间的损耗;其次,该方法对来波的吸收与波的频率和入射角度无关,吸收效果更好;再次,该方法的实现基本不受网格形状的影响,因而很快被得到推广应用,现已成为 FDTD 算法中使用最为广泛的吸收边界条件.

PML 媒质中电磁场每个分量均被分解为两个子分量,在直角坐标系中 6 个场分量划分为 12 个子分量,记为 E_{xy},E_{xz},E_{yz},E_{yx},E_{zx},E_{zy},H_{xy},H_{xz},H_{yz},H_{yx},H_{zx},H_{zy},PML 媒质中的 Maxwell 方程变为以下形式:

$$\varepsilon\frac{\partial E_{xy}}{\partial t} + \sigma_y E_{xy} = \frac{\partial(H_{zx} + H_{zy})}{\partial y} \qquad (2-5a)$$

$$\varepsilon\frac{\partial E_{xz}}{\partial t} + \sigma_z E_{xz} = -\frac{\partial(H_{yz} + H_{yx})}{\partial z} \qquad (2-5b)$$

$$\varepsilon\frac{\partial E_{yz}}{\partial t} + \sigma_z E_{yz} = \frac{\partial(H_{xy} + H_{xz})}{\partial z} \qquad (2-5c)$$

$$\varepsilon\frac{\partial E_{yx}}{\partial t} + \sigma_x E_{yx} = -\frac{\partial(H_{zx} + H_{zy})}{\partial x} \qquad (2-5d)$$

$$\varepsilon\frac{\partial E_{zx}}{\partial t} + \sigma_x E_{zx} = \frac{\partial(H_{yz} + H_{yx})}{\partial x} \qquad (2-5e)$$

$$\varepsilon \frac{\partial E_{zy}}{\partial t} + \sigma_y E_{zy} = -\frac{\partial (H_{xy} + H_{xz})}{\partial y} \qquad (2-5\text{f})$$

$$\mu \frac{\partial H_{xy}}{\partial t} + \sigma_y^* H_{xy} = -\frac{\partial (E_{zx} + E_{zy})}{\partial y} \qquad (2-5\text{g})$$

$$\mu \frac{\partial H_{xz}}{\partial t} + \sigma_z^* H_{xz} = \frac{\partial (E_{yz} + E_{yx})}{\partial z} \qquad (2-5\text{h})$$

$$\mu \frac{\partial H_{yz}}{\partial t} + \sigma_z^* H_{yz} = -\frac{\partial (E_{xy} + E_{xz})}{\partial z} \qquad (2-5\text{i})$$

$$\mu \frac{\partial H_{yx}}{\partial t} + \sigma_x^* H_{yx} = \frac{\partial (E_{zx} + E_{zy})}{\partial x} \qquad (2-5\text{j})$$

$$\mu \frac{\partial H_{zx}}{\partial t} + \sigma_x^* H_{zx} = -\frac{\partial (E_{yz} + E_{yx})}{\partial x} \qquad (2-5\text{k})$$

$$\mu \frac{\partial H_{zy}}{\partial t} + \sigma_y^* H_{zy} = \frac{\partial (E_{xy} + E_{xz})}{\partial y} \qquad (2-5\text{l})$$

其中 σ_x，σ_y，σ_z 为电导率，σ_x^*，σ_y^*，σ_z^* 为磁阻率. 它们应该满足下面(2-6)关系式,才能保证电磁波从媒质 (ε, μ) 入射到 PML 媒质时不存在反射和折射.

$$\frac{\sigma_{x(y, z)}}{\varepsilon} = \frac{\sigma_{x(y, z)}^*}{\mu} \qquad (2-6)$$

对(2-5)式中的各方程二阶差分近似便可得到 PML 媒质中 FDTD 计算公式,下面给出电场的差分方程表达式,磁场差分方程具有类似的形式:

$$E_{xy}^{n+1}\left(i+\frac{1}{2}, j, k\right) = \frac{\left(\dfrac{\varepsilon_i}{\Delta t} - \dfrac{\sigma_{i, y}}{2}\right)}{\left(\dfrac{\varepsilon_i}{\Delta t} + \dfrac{\sigma_{i, y}}{2}\right)} E_{xy}^n\left(i+\frac{1}{2}, j, k\right) + \frac{1}{\left(\dfrac{\varepsilon_i}{\Delta t} + \dfrac{\sigma_{i, y}}{2}\right)} \cdot$$

$$\frac{1}{\Delta y}\left[H_{zx}^{n+1/2}\left(i+\frac{1}{2}, j+\frac{1}{2}, k\right) +\right.$$

$$H_{zy}^{n+1/2}\left(i+\frac{1}{2}, j+\frac{1}{2}, k\right)-H_{zx}^{n+1/2}\left(i+\frac{1}{2}, j-\right.$$

$$\left.\frac{1}{2}, k\right)-H_{zy}^{n+1/2}\left(i+\frac{1}{2}, j-\frac{1}{2}, k\right)\bigg] \quad (2-7a)$$

$$E_{xz}^{n+1}\left(i+\frac{1}{2}, j, k\right)=\frac{\left(\dfrac{\varepsilon_i}{\Delta t}-\dfrac{\sigma_{i,z}}{2}\right)}{\left(\dfrac{\varepsilon_i}{\Delta t}+\dfrac{\sigma_{i,z}}{2}\right)}E_{xz}^{n}\left(i+\frac{1}{2}, j, k\right)-\frac{1}{\left(\dfrac{\varepsilon_i}{\Delta t}+\dfrac{\sigma_{i,z}}{2}\right)}\cdot$$

$$\frac{1}{\Delta z}\bigg[H_{yx}^{n+1/2}\left(i+\frac{1}{2}, j, k+\frac{1}{2}\right)-$$

$$H_{yx}^{n+1/2}\left(i+\frac{1}{2}, j, k-\frac{1}{2}\right)+H_{yz}^{n+1/2}\left(i+\frac{1}{2}, j,\right.$$

$$\left.k+\frac{1}{2}\right)-H_{yz}^{n+1/2}\left(i+\frac{1}{2}, j, k-\frac{1}{2}\right)\bigg] \quad (2-7b)$$

$$E_{yz}^{n+1}\left(i, j+\frac{1}{2}, k\right)=\frac{\left(\dfrac{\varepsilon_i}{\Delta t}-\dfrac{\sigma_{i,z}}{2}\right)}{\left(\dfrac{\varepsilon_i}{\Delta t}+\dfrac{\sigma_{i,z}}{2}\right)}E_{yz}^{n}\left(i, j+\frac{1}{2}, k\right)+\frac{1}{\left(\dfrac{\varepsilon_i}{\Delta t}+\dfrac{\sigma_{i,z}}{2}\right)}\cdot$$

$$\frac{1}{\Delta z}\bigg[H_{xy}^{n+1/2}\left(i, j+\frac{1}{2}, k+\frac{1}{2}\right)-$$

$$H_{xy}^{n+1/2}\left(i, j+\frac{1}{2}, k-\frac{1}{2}\right)+H_{xz}^{n+1/2}\left(i, j+\frac{1}{2},\right.$$

$$\left.k+\frac{1}{2}\right)-H_{xz}^{n+1/2}\left(i, j+\frac{1}{2}, k-\frac{1}{2}\right)\bigg]$$

$$(2-7c)$$

$$E_{yx}^{n+1}\left(i, j+\frac{1}{2}, k\right)=\frac{\left(\dfrac{\varepsilon_i}{\Delta t}-\dfrac{\sigma_{i,x}}{2}\right)}{\left(\dfrac{\varepsilon_i}{\Delta t}+\dfrac{\sigma_{i,x}}{2}\right)}E_{yx}^{n}\left(i, j+\frac{1}{2}, k\right)-\frac{1}{\left(\dfrac{\varepsilon_i}{\Delta t}+\dfrac{\sigma_{i,x}}{2}\right)}\cdot$$

$$\frac{1}{\Delta x}\left[H_{zx}^{n+1/2}\left(i+\frac{1}{2},\,j+\frac{1}{2},\,k\right)-\right.$$

$$H_{zx}^{n+1/2}\left(i-\frac{1}{2},\,j+\frac{1}{2},\,k\right)+H_{zy}^{n+1/2}\left(i+\frac{1}{2},\,j+\right.$$

$$\left.\frac{1}{2},\,k\right)-H_{zy}^{n+1/2}\left.\left(i-\frac{1}{2},\,j+\frac{1}{2},\,k\right)\right] \quad (2-7\text{d})$$

$$E_{zx}^{n+1}\left(i,\,j,\,k+\frac{1}{2}\right)=\frac{\left(\dfrac{\varepsilon_i}{\Delta t}-\dfrac{\sigma_{i,\,x}}{2}\right)}{\left(\dfrac{\varepsilon_i}{\Delta t}+\dfrac{\sigma_{i,\,x}}{2}\right)}E_{zx}^{n}\left(i,\,j,\,k+\frac{1}{2}\right)+\frac{1}{\left(\dfrac{\varepsilon_i}{\Delta t}+\dfrac{\sigma_{i,\,x}}{2}\right)}\cdot$$

$$\frac{1}{\Delta x}\left[H_{yx}^{n+1/2}\left(i+\frac{1}{2},\,j,\,k+\frac{1}{2}\right)-\right.$$

$$H_{yx}^{n+1/2}\left(i-\frac{1}{2},\,j,\,k+\frac{1}{2}\right)+H_{yz}^{n+1/2}\left(i+\frac{1}{2},\,j,\,k+\right.$$

$$\left.\frac{1}{2}\right)-H_{yz}^{n+1/2}\left.\left(i-\frac{1}{2},\,j,\,k+\frac{1}{2}\right)\right] \quad (2-7\text{e})$$

$$E_{zy}^{n+1}\left(i,\,j,\,k+\frac{1}{2}\right)=\frac{\left(\dfrac{\varepsilon_i}{\Delta t}-\dfrac{\sigma_{i,\,y}}{2}\right)}{\left(\dfrac{\varepsilon_i}{\Delta t}+\dfrac{\sigma_{i,\,y}}{2}\right)}E_{zy}^{n}\left(i,\,j,\,k+\frac{1}{2}\right)-\frac{1}{\left(\dfrac{\varepsilon_i}{\Delta t}+\dfrac{\sigma_{i,\,y}}{2}\right)}\cdot$$

$$\frac{1}{\Delta y}\left[H_{xy}^{n+1/2}\left(i,\,j+\frac{1}{2},\,k+\frac{1}{2}\right)-\right.$$

$$H_{xy}^{n+1/2}\left(i,\,j-\frac{1}{2},\,k+\frac{1}{2}\right)+H_{xz}^{n+1/2}\left(i,\,j+\frac{1}{2},\,k+\right.$$

$$\left.\frac{1}{2}\right)-H_{xz}^{n+1/2}\left.\left(i,\,j-\frac{1}{2},\,k+\frac{1}{2}\right)\right] \quad (2-7\text{f})$$

　　需要指出的是,在编程时 PML 的厚度不能无限厚和无限薄,理论上反射系数随着电导率和匹配层厚度的增大呈指数衰减,只要选择足够大的电导率和 PML 厚度,就可以实现任意小的反射,但实际上应用于 FDTD 时,匹配层厚度越厚,所占用的计算机内存和 CPU 越多,并且由于要将微分方程转化为差分方程,电导率和磁阻率也必须离散化,这种突变将会产生数值反射;若 PML 厚度任意小,如一个 FDTD 网格厚度,实际计算中要对 PML 层进行 FDTD 网格离散化,这在两种媒质分界面上电导率的突变同样导致数值反射. 所以在实际编程中必须适当选择 PML 厚度并且选取适当的电导率和磁阻率分布以尽量减小数值反射[103].

2.3 采用 PML 边界条件的 FDTD 分析圆周波导中的微带天线

2.3.1 PML 用于 FDTD 分析圆波导

利用 FDTD 分析图 2-2 所示的圆波导的不连续性,如图 2-2,可在圆波导两端填充理想匹配层 PML 作为吸收边界条件[104~108].

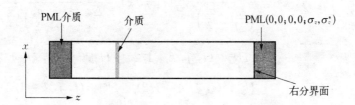

图 2-2 利用 PML 边界分析圆波导中微带天线

PML 媒质层导率参数取为 $(0, 0; 0, 0; \sigma_z, \sigma_z^*)$,以满足空气和 PML 媒质层分界面上横向导率相等的条件;同时导率 σ_z,σ_z^* 满足阻抗匹配条件

$$\frac{\sigma_z}{\varepsilon} = \frac{\sigma_z^*}{\mu} \qquad (2-8)$$

则波导中激励源产生的电磁波将无反射地由空气层传输到 PML

层中,并以指数形式在 PML 层中衰减. 实际计算中,PML 层需要设置一定厚度 δ, 导率 σ 的分布可采用以下形式

$$\sigma(\rho) = \sigma_m \left(\frac{\rho}{\delta}\right)^2 \qquad (2-9)$$

其中 ρ 为相对分界面的 PML 分布厚度,σ_m 为 PML 层最大电导率.

在理想匹配层中每个电磁场分量分解成两个分量,如 E_x 可以分解成两个分量 E_{xy} 和 E_{xz}. 则理想匹配层中计算电场各分量的 FDTD 差分公式为:

$$E_{xy}^{n+1}(i,\,j,\,k) = E_{xy}^n(i,\,j,\,k) + \frac{\Delta t}{\varepsilon_0 \Delta y}(H_{zx}^{n+1/2}(i,\,j+1/2,\,k) +$$

$$H_{zy}^{n+1/2}(i,\,j+1/2,\,k) - H_{zx}^{n+1/2}(i,\,j-1/2,\,k) -$$

$$H_{zy}^{n+1/2}(i,\,j-1/2,\,k)) \qquad (2-10a)$$

$$E_{xz}^{n+1}(i,\,j,\,k) = \frac{\left(\frac{\varepsilon_0}{\Delta t} - \frac{\sigma_z}{2}\right)}{\left(\frac{\varepsilon_0}{\Delta t} + \frac{\sigma_z}{2}\right)} E_{xz}^n(i,\,j,\,k) - \frac{1}{\Delta z}\frac{1}{\left(\frac{\varepsilon_0}{\Delta t} + \frac{\sigma_z}{2}\right)} \cdot$$

$$(H_{yx}^{n+1/2}(i,\,j,\,k+1/2) + H_{yz}^{n+1/2}(i,\,j,\,k+1/2) -$$

$$H_{yx}^{n+1/2}(i,\,j,\,k-1/2) - H_{yz}^{n+1/2}(i,\,j,\,k-1/2)) \qquad (2-10b)$$

$$E_{yz}^{n+1}(i,\,j,\,k) = \frac{\left(\frac{\varepsilon_0}{\Delta t} - \frac{\sigma_z}{2}\right)}{\left(\frac{\varepsilon_0}{\Delta t} + \frac{\sigma_z}{2}\right)} E_{yz}^n(i,\,j,\,k) + \frac{1}{\Delta z}\frac{1}{\left(\frac{\varepsilon_0}{\Delta t} + \frac{\sigma_z}{2}\right)} \cdot$$

$$(H_{xx}^{n+1/2}(i,\,j,\,k+1/2) + H_{xz}^{n+1/2}(i,\,j,\,k+1/2) -$$

$$H_{xx}^{n+1/2}(i,\,j,\,k-1/2) - H_{xz}^{n+1/2}(i,\,j,\,k-1/2)) \qquad (2-10c)$$

$$E_{yx}^{n+1}(i,\,j,\,k) = E_{yx}^n(i,\,j,\,k) - \frac{\Delta t}{\varepsilon_0 \Delta x}(H_{zx}^{n+1/2}(i+1/2,\,j,\,k) +$$

$$H_{zy}^{n+1/2}(i+1/2,\,j,\,k) - H_{zx}^{n+1/2}(i-1/2,\,j,\,k) -$$

$$H_{zy}^{n+1/2}(i-1/2,\,j,\,k)) \qquad (2-10\mathrm{d})$$

$$E_{zx}^{n+1}(i,\,j,\,k) = E_{zx}^n(i,\,j,\,k) + \frac{\Delta t}{\varepsilon_0 \Delta x}(H_{yx}^{n+1/2}(i+1/2,\,j,\,k) +$$

$$H_{yz}^{n+1/2}(i+1/2,\,j,\,k) - H_{yx}^{n+1/2}(i-1/2,\,j,\,k) -$$

$$H_{yz}^{n+1/2}(i-1/2,\,j,\,k)) \qquad (2-10\mathrm{e})$$

$$E_{zy}^{n+1}(i,\,j,\,k) = E_{zy}^n(i,\,j,\,k) - \frac{\Delta t}{\varepsilon_0 \Delta y}(H_{xy}^{n+1/2}(i,\,j+1/2,\,k) +$$

$$H_{xz}^{n+1/2}(i,\,j+1/2,\,k) - H_{xy}^{n+1/2}(i,\,j-1/2,\,k) -$$

$$H_{xz}^{n+1/2}(i,\,j-1/2,\,k)) \qquad (2-10\mathrm{f})$$

理想匹配层中计算磁场各分量的 FDTD 差分公式为

$$H_{xy}^{n+1/2}(i,\,j,\,k) = H_{xy}^{n-1/2}(i,\,j,\,k) - \frac{\Delta t}{\mu_0 \Delta y}(E_{zx}^n(i,\,j+1/2,\,k) +$$

$$E_{zy}^n(i,\,j+1/2,\,k) - E_{zx}^n(i,\,j-1/2,\,k) -$$

$$E_{zy}^n(i,\,j-1/2,\,k)) \qquad (2-11\mathrm{a})$$

$$H_{xz}^{n+1/2}(i,\,j,\,k) = \frac{\left(\dfrac{\mu_0}{\Delta t} - \dfrac{\sigma_z^*}{2}\right)}{\left(\dfrac{\mu_0}{\Delta t} + \dfrac{\sigma_z^*}{2}\right)} H_{xz}^{n-1/2}(i,\,j,\,k) + \frac{1}{\Delta z} \cdot$$

$$\frac{1}{\left(\dfrac{\mu_0}{\Delta t} + \dfrac{\sigma_z^*}{2}\right)}(E_{yx}^n(i,\,j,\,k+1/2) + E_{yz}^n(i,\,$$

$$j,\,k+1/2) - E_{yx}^n(i,\,j,\,k-1/2) - E_{yz}^n(i,\,$$

$$j,\,k-1/2)) \qquad (2-11\mathrm{b})$$

$$H_{yz}^{n+1/2}(i, j, k) = \frac{\left(\dfrac{\mu_0}{\Delta t} - \dfrac{\sigma_z^*}{2}\right)}{\left(\dfrac{\mu_0}{\Delta t} + \dfrac{\sigma_z^*}{2}\right)} H_{yz}^{n-1/2}(i, j, k) - \frac{1}{\Delta z} \frac{1}{\left(\dfrac{\mu_0}{\Delta t} + \dfrac{\sigma_z^*}{2}\right)} \cdot$$

$$(E_{xy}^n(i, j, k+1/2) + E_{xz}^n(i, j, k+1/2) -$$

$$E_{xy}^n(i, j, k-1/2) - E_{xz}^n(i, j, k-1/2)) \tag{2-11c}$$

$$H_{yx}^{n+1/2}(i, j, k) = H_{yx}^{n-1/2}(i, j, k) + \frac{\Delta t}{\mu_0 \Delta x}(E_{zx}^n(i+1/2, j, k) +$$

$$E_{zy}^n(i+1/2, j, k) - E_{zx}^n(i-1/2, j, k) -$$

$$E_{zy}^n(i-1/2, j, k)) \tag{2-11d}$$

$$H_{zx}^{n+1/2}(i, j, k) = H_{zx}^{n-1/2}(i, j, k) - \frac{\Delta t}{\mu_0 \Delta x}(E_{yz}^n(i+1/2, j, k) +$$

$$E_{yx}^n(i+1/2, j, k) - E_{yz}^n(i-1/2, j, k) -$$

$$E_{yx}^n(i-1/2, j, k)) \tag{2-11e}$$

$$H_{zy}^{n+1/2}(i, j, k) = H_{zy}^{n-1/2}(i, j, k) + \frac{\Delta t}{\mu_0 \Delta y}(E_{xy}^n(i, j+1/2, k) +$$

$$E_{xz}^n(i, j+1/2, k) - E_{xy}^n(i, j-1/2, k) -$$

$$E_{xz}^n(i, j-1/2, k)) \tag{2-11f}$$

在 PML 层与波导填充介质（如空气）的分界面上，电磁场分量的差分方程要特殊处理. 例如，设定右分界面为 PML 层，则计算 E_{xz} 分量的差分公式修改为

$$E_{xz}^{n+1}(i, j, k) = \frac{\left(\dfrac{\varepsilon_0}{\Delta t} - \dfrac{\sigma_z}{2}\right)}{\left(\dfrac{\varepsilon_0}{\Delta t} + \dfrac{\sigma_z}{2}\right)} E_{xz}^n(i, j, k) - \frac{1}{\Delta z} \frac{1}{\left(\dfrac{\varepsilon_0}{\Delta t} + \dfrac{\sigma_z}{2}\right)} \cdot$$

$$(H_{yx}^{n+1/2}(i, j, k+1/2) + H_{yz}^{n+1/2}(i, j, k+1/2) -$$

$$H_y^n(i, j, k-1/2)) \tag{2-12}$$

圆波导中各电磁场分量用基本 FDTD 差分公式(2-2a)~(2-2f)进行计算.

2.3.2　FDTD 计算圆波导中的微带贴片天线

此处我们设计的微带天线为国家自然基金子项目管道探测机器人微波供能系统的接收天线,项目要求:圆波导直径为 20 mm,工作在 10 GHz,我们采用同轴馈电的微带贴片天线,其在圆波导中 PML设置及源的设置如图 2-3 所示.

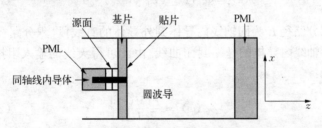

图 2-3　圆波导中的微带天线及 PML 层

同轴线馈电的 FDTD 模拟可采用矩形网格阶梯近似的方式[109~111],如图 2-4 所示,用 4 个网格模拟同轴线内导体,外导体用边长为 6 个网格的正方形模拟,这样同轴线内外导体半径之比大约为 1:3.此外需要适当选取同轴线中的介电常数使其特性阻抗近似为50 Ω.同轴线激励激励源设置在同轴线内,当采用 Gauss 脉冲激励时,由于同轴线中

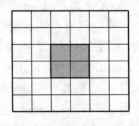

图 2-4　同轴线矩形网格近似

传播的是 TEM 波,其电场可用下式表示:

$$E_{exc}(x, y, t) = F(x, y)\exp\left[-\left(\frac{(t-t_0)}{T}\right)^2\right] \tag{2-13}$$

式中 $F(x, y)$ 用来模拟同轴线中电场的 TEM 波场分布.

同轴线横截面上的高斯脉冲激励源可表示为

$$f(x, y, t) = E_t(x, y) \sin(2\pi f_0 t) \exp\left[-\frac{(t-t_0)^2}{T^2}\right]$$

$$(2-14)$$

在同轴线中靠近微带贴片的任一位置,记录电压和电流随时间的变化 $V(t)$ 和 $I(t)$:

$$V(t) = \int_L \vec{E}_{coax}(x, y, z_0) \cdot \mathrm{d}\vec{\rho} \qquad (2-15)$$

$$I(t) = \oint_C \vec{H}_{coax}(x, y, z_0) \cdot \mathrm{d}\vec{\varphi} \qquad (2-16)$$

式中积分路径 L 为同轴线内导体到外导体的直线段,积分路径 C 为包围同轴线内导体的任一封闭曲线. 由此可得天线的输入阻抗和反射损耗:

$$Z_{in}(\omega) = \frac{F[V(t)]}{F[I(t)]} \qquad (2-17)$$

$$\Gamma(dB) = 20\lg\left|\frac{Z_{in}(\omega) - Z_{cf}}{Z_{in}(\omega) + Z_{cf}}\right| \qquad (2-18)$$

式中 $F(\cdot)$ 为 Fourier 变换, Z_{cf} 为同轴线特性阻抗.

我们利用上述理论设计了一个圆波导中的线极化微带贴片天线,天线的最终尺寸参数为:基片相对介电常数为 2.78,厚度 0.8 mm,贴片为正方形,边长 8.32 mm,同轴线馈电位置距边 3.54 mm. 圆波导横截面用 66×66 的网格来阶梯近似,FDTD 网格步长为 $\Delta x = 0.303$ mm, $\Delta y = 0.303$ mm, $\Delta z = 0.667$ mm,时间步长 $\Delta t = 0.505$ ps. 基片厚度为 2 mm,用 3 个网格来模拟,相对介电常数为 2.78. 同轴线和波导中分别设置 $15\Delta z$ 厚度的 PML 层以截断计算空间,最大电导率为 5.494 2,理论反射系数为 10^{-6}. 高斯脉冲激励源设置在同轴线中,频率范围为 8.8~11.4 GHz,使圆波导工作于 TE_{11} 模.

　　图 2-5 是圆波导中微带天线 FDTD 计算的 S_{11} 曲线,图 2-6 是在不锈钢管道中对微带天线测量的 S_{11} 曲线,可见,两者还是比较吻合,证明我们使用的 FDTD 计算方法是可靠有效的. 针对管道机器人能量接收的特点,我们又利用此计算方法设计了一个管道中圆极化的微带贴片天线,详细内容将在第四章"管道探测无缆微机器人微波供能系统的设计"中介绍.

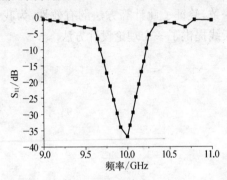

图 2-5　圆波导中微带天线 FDTD 计算 S_{11} 曲线

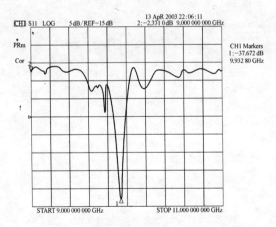

图 2-6　不锈钢管道中微带天线 S_{11} 测量曲线

2.4   小结

　　本章结合国家自然基金子项目管道探测机器人微波输能系统设计,利用时域有限差分法全波分析了圆波导中的微带贴片天线,并在工业用不锈钢管道中对所设计的微带天线进行了测量,计算结合和测量结果比较一致,验证了此计算方法的有效性,为我们设计管道中的圆极化微带天线提供了一个理论设计方法.

第三章 整流天线中二极管的 大信号特性测试

3.1 引言

在射频/微波电路(如检波器、混频器、衰减器、放大器等)中,微波二极管的应用随处可见,不过,这些应用仅限于微波二极管的低电平小信号特性,目前二极管小信号特性的理论研究已经比较成熟[112, 113].在购买二极管时一般厂家会提供二极管的具体参数,如图3-1所示即为 HP - HSMS - 8101 微波二极管的线性等效电路参数模型.以前由于二极管在大信号下的应用比较少,所以对其大信号特性即其非线性特性研究也不多.本课题所研究的微波整流天线,微波二极管是其中整流电路的核心器件,其整流特性决定着整个整流天线整流效率的高低,所以,要设计高转换效率的整流天线,就必须要解决微波二极管的非线性特性即其大信号参数的提取问题.

图3-2即为肖特基二极管典型的大信号等效电路(此电路没有考虑二极管的封装电容和电感),图中 V_d 是二极管的结电压,R_j、C_j 分别是结电阻和结电容,R_s、R_L 分别为二极管的寄生串联电阻和直流负载.二极管等效电路参数在大信号下 ($\geqslant 10$ dBm) 与在小信号下的主要区别就是结电容 C_j 和结电阻 R_j 随着工作频率、输入功率电平而动态变化.在大信号下二极管内部除了基波还激励出高次谐波分量,结电容 C_j 可表示为

$$C_j = C_0 + C_1\cos(\omega t - \phi) + C_2\cos(2\omega t - 2\phi) + \cdots \quad (3-1)$$

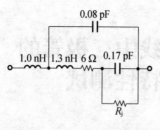

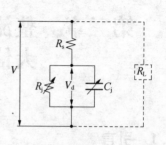

Self Bias

	1 mA	2.5 mA
R_j	263	142

图 3 - 1　HP - HSMS - 8101
线性等效电路

图 3 - 2　二极管等效电路模型

其中 ϕ 是二极管两端电压 V 与结电压 V_d 的相位差. 下面我们先讨论二极管非线性特性对其微波整流效率的影响.

图 3 - 3 是微波二极管的微波-直流转换效率与其输入功率电平的关系曲线,其中 V_J、V_{br} 和 R_L 分别是二极管的结电压、击穿电压和二极管的整流负载电阻. 从曲线中可以看出,当输入功率电平很低时,二极管两端的电压值很小,二极管的结电压相对于其两端的电压来说足够大即结电压与两端的电压可以比拟时,此时二极管的整流

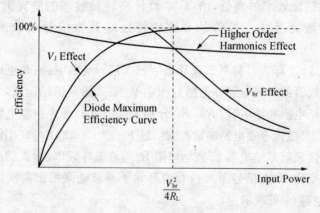

图 3 - 3　二极管的微波-直流转换效率与输入功率的关系

效率将非常低;随着输入功率电平的增大,二极管工作在非线性区域,内部激励出很强的高次谐波,其两端的电压峰值也一直增大,再加上高次谐波的影响二极管的整流效率将一直增大到其最大值;当二极管两端的电压增大到其击穿电压值时,二极管的整流效率将急剧地降低,此时的输入功率电平数值大约是在 $V_{br}^2/4R_L$ 处,此输入功率电平被称为二极管的极限输入功率电平,若再增大输入功率二极管将可能被击穿[114~116].

在选择二极管作为微波整流管时,可根据厂家提供的二极管参数来估计其整流性能. 对现今的二极管制作工艺,一般来说工作频率比较低的二极管,其击穿电压 V_{br} 可以做得很高(如工作在 2.45 GHz 的二极管其击穿电压可做到 60 V),二极管的寄生串联电阻 R_s 可以做到小于 1 Ω,零偏结电容 C_{j0} 为几个 pF,这样的二极管在大的输入功率电平时其击穿电压也将远远大于其结电压,所以它的整流效率将非常高;对工作频率比较高的二极管(如 35 GHz),其 C_{j0} 将降到 0.1 pF 的数量级,这将导致寄生串联电阻 R_s 增大和击穿电压 V_{br} 的降低,此时的二极管结电压将不能忽略,所以二极管的微波整流效率不会很高. 在设计或购买微波整流二极管时,协调 V_{br}、C_{j0}、R_s 三个参数之间的关系是非常重要的. 我们在选择本课题所用的微波二极管时,由于国内厂家生产的二极管能工作在高频的比较少,符合整流二极管条件的更少,国外厂家在国内的代理商也不是很多,可供挑选的实在有限,且我们购买量又不多,所以在购买二极管的过程中实在是费了不少功夫,最终我们选择了惠普公司的 HSMS‐8202,工作频率为 10~12 GHz,$V_{br} = 4$ V,$C_{j0} = 0.18$ pF,$R_s = 6$ Ω,这些参数相对于我们对微波整流二极管的要求来说不是很理想.

下面讨论提取二极管大信号参数的方法,主要有两种:

一种是利用二极管厂家提供的直流 $I - V$(电流‐电压)和 $C - V$(电容‐电压)数据曲线利用数学计算直接提取二极管的参数[117]. 在图 3‐2 所示的二极管的等效电路中,结电流可用下式来表示

$$I_d = J_s \cdot (e^{\alpha_a V_d} - 1) - I_B \qquad (3-2)$$

V_d 是二极管的结电压，J_s 为饱和电流，

$$\alpha_a = \frac{q}{n k T_J}, \qquad (3-3)$$

n 为理想因子，q 是电荷，k 为玻尔兹曼常数，T_J 表示二极管的温度，I_B 表示二极管的反向击穿电流，可写成下式

$$I_B = \begin{cases} 0 & V_d \geqslant (1+V_B) \\ J_B(1+V_B-V_d)^E & V_d \leqslant (1+V_B) \end{cases} \qquad (3-4)$$

V_B 表示反向击穿电压，J_B 为饱和击穿电流，E 为击穿电流的幂参数；二极管的直流 I-V 特性可以用 J_s、α_a、V_B、J_B、E 这几个参量来描述.

二极管的结电容可表示为

$$C_J = \begin{cases} C_{j0}\left(1 - \dfrac{V_d}{\phi}\right)^{-\gamma(V_d)} + C_D & V_d \leqslant 0.8\phi \\ C_{j0} \cdot 0.2^{-\gamma(V_d)} + C_D & V_d \geqslant 0.8\phi \end{cases} \qquad (3-5)$$

上式中 ϕ 表示二极管的嵌入结电压，C_{j0} 是零偏置结电容，γ 是结电压 V_d 的函数，可以表示成三阶多项式

$$\gamma(V_d) = \gamma_0 + G_{C1}V_d + G_{C2}V_d^2 + G_{C3}V_d^3 \qquad (3-6)$$

C_D 是二极管的扩散电容，可用下式来表示

$$C_D = C_{D0}\, e^{\alpha_c V_d} \qquad (3-7)$$

参数 C_{j0}、ϕ、γ_0、G_{C1}、G_{C2}、G_{C3}、C_{D0}、α_c 就可以完整地描述二极管的电容特性了.

二极管的串联电阻可以表示成本征发射时间 T 的函数

$$R_s = \begin{cases} R_0 - \dfrac{T}{C_J} & R_0 > \dfrac{T}{C_J} \\ 0 & R_0 \leqslant \dfrac{T}{C_J} \end{cases} \qquad (3-8)$$

从二极管厂家提供的数据里全部提取上述参数是不可能的,因为毕竟提供的数据有限,不过,可以利用二极管的 I-V、C-V 曲线把最重要的参数提取出来.

I-V 提取

图 3-4 是二极管正向偏置时典型的直流 I-V 曲线,二极管的结电流 I_d 和终端电压 V 有如下关系

$$I_d = J_s \cdot \left[e^{\alpha_a(V-I_d R_s)} - 1 \right] \qquad (3-9)$$

在电流很小的情况下,二极管串联电阻上的电压降可以忽略不计,上式就可以简化为

$$I_d \approx J_s \cdot e^{\alpha_a V} \qquad (3-10)$$

对上式两边取以 10 为底的对数

$$\log_{10}(I_d) \approx \log_{10}(J_s) + \frac{\alpha_a}{\ln(10)}V \qquad (3-11)$$

(3-11)式表明 $\log_{10}(I_d)$ 是 V 的线性直线函数,此直线的斜率是 $\alpha_a/\ln(10)$,截距是与 Y 轴的交点 $\log_{10}(J_s)$. 在图 3-4 中,直线的斜率为 $\Delta\log_{10}(I_1)/\Delta V_1$,选择适当的 I_{d1} 和 I_{d2} 使 $\Delta\log_{10}(I_1) = 1$,α_a 就可以简化为

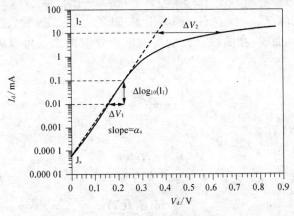

图 3-4 二极管直流 I-V 特性曲线

$$\alpha_a = \frac{\ln(10)}{\Delta V_1} \qquad (3-12)$$

延长直线与 Y 轴的交点可以得到二极管的饱和电流 J_s；当流过二极管的电流比较大时，二极管串联电阻的电压降不能被忽略，所以导致二极管的 I-V 曲线不再是直线，串联电阻 R_s 可以假定为固定常数，在图 3-4 中选择电压降比较明显的点的电流值，就可得到 R_s 的值

$$R_s = \frac{\Delta V_2}{I_2} \qquad (3-13)$$

在二极管的应用中，绝大多数二极管的工作电压都远离击穿电压，大多数的二极管厂家也不会提供二极管的击穿 I-V 特性曲线，不过一般提供一个特定反向电流时的反向电压值，这个值可以被用来作为二极管的击穿电压 V_B，所以从(3-4)式中简化得到 J_B，E 的值可以取默认值 10.

C-V 提取

二极管厂家一般都提供二极管零偏置的结电容 C_{j0}. 当流经二极管的电流比较小时，二极管的电容特性由损耗电容占主导地位，扩散电容 C_D 可以忽略不计，在(3-5)式中，作为一阶近似，$\gamma(V_d)$ 可以假定为常数，即 G_{C1}、G_{C2}、G_{C3} 都等于零. 图 3-5 是二极管典型的直流 C-V 特性曲线，在曲线上大的反向电压处取两个点可以确定 ϕ 和 γ_0 的值

$$1 + \frac{V}{\phi} \approx \frac{V}{\phi} \qquad (3-14)$$

所以就有

$$\frac{C_1}{C_2} \approx \left(\frac{V_2}{V_1}\right)^{\gamma_0} \qquad (3-15)$$

$$\gamma_0 = \frac{\ln(C_1/C_2)}{\ln(V_1/V_2)} \qquad (3-16)$$

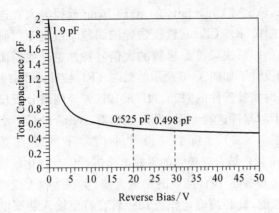

图 3 - 5　二极管直流 C - V 特性曲线

当确定了 C_{j0} 和 γ_0 后，ϕ 就可以从下式得到

$$\phi = \frac{V_2}{(C_{j0}/C_2)^{1/\gamma_0}} \qquad (3-17)$$

这些先确定的值可以作为初始值对(3 - 5)、(3 - 6)、(3 - 7)式进行编程优化来得到所有的二极管电容参数.

这种方法对二极管参数的提取简便有效，对多数二极管适用，不过我们认为它有几个不太令我们满意的地方：一是二极管厂家提供的 I-V、C-V 曲线都是二极管工作在小信号下的特性曲线，对我们将作为大信号整流用途的二极管，这种方法的有效性还有待进一步验证；二是二极管厂家提供的 I - V、C-V 都是曲线图，一般不提供确切的数据，所以读数的误差不可避免；三是此方法在计算过程中多项式表示最终都近似为一阶近似，这对实际工作在大信号非线性条件下二极管的参数特性有些不符. 鉴于此我们将不采用这种方法来提取二极管的非线性参数.

第二种就是利用实验的方法在大信号下通过矢量网络分析仪直接测量二极管的大信号 S 参数，再利用电路仿真软件对二极管的大信号等效电路模型进行优化最终得到二极管的大信号参数. 1992 年美国 Texas A&M University 的 Kai Chang 教授等人在这方面做了许多研究工作. Kai Chang 教授领导的课题小组是专门研究无线输能技术的,所以解决微波二极管的大信号特性也是他们面临的首要问题. 他们设计了如图 3-6 所示的微带 TRL 校准件和二极管测试支架,由于当时实验条件的限制,HP 8510B 矢量网络分析仪不能直接在大信号下对器件进行测量,所以他们对二极管进行了小信号下的测试(如图 3-7)得到了二极管小信号下的 S 参数,再利用 Touchstone 软件结合二极管的等效电路进行仿真优化最终得到了二极管的小信号参数. 设计高效的整流天线,实现接收天线与整流电路间的阻抗匹配,就必须确定整流二极管在特定输入功率电平下的输入阻抗. 由于不能直接在大信号下对二极管直接测量,Kai Chang 教授等人采用了如图 3-8 所示的测量方法,通过取从二极管看过去电路阻抗的共轭复数得到了二极管整流电路的大信号输入阻抗,这也不失为一种很有效的方法. 我们结合 Kai Chang 教授的方法设计了一套建立在 Agilent 8722ES 网络分析仪及其 085 选件基础上能直接测量二极管大信号特性的测量系统,通过直接测量二极管的大信号 S 参数和输入阻抗,进而利用 Harmonic 仿真软件得到二极管的非线性等效电路模型参数,通过优化匹配网络而进一步提高了二极管 RF-DC 的整流效率,下面儿节就 Agilent 8722ES 网络分析仪及其 085 选件大功率测量如何设置、TRL 校准及其校准件的制作、二极管的大信号参数测量及提取以及二极管大信号 RF-DC 转换效率的测量将做逐一的阐述.

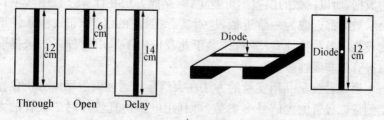

图 3-6　微带 TRL 校准件及微带二极管测试支架

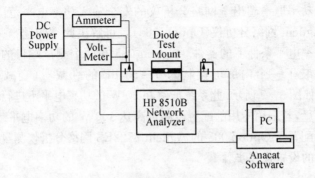

图 3 - 7　二极管小信号测试装置

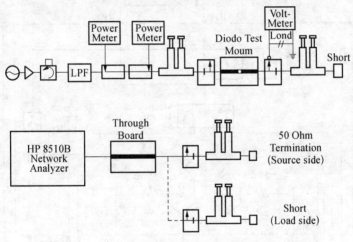

图 3 - 8　二极管大信号测量装置及其输入阻抗的测量

3. 2　Agilent 矢量网络分析仪 8722ES 与 Option 085 大功率测量的设置

　　在测量大功率器件时,我们经常遇到被测器件所需的输入功率电平大于网络分析仪所能提供的电平,或者被测器件如功率放大器输出的功率电平超出了网络分析仪的安全输入功率电平范围,新一代的 Agilent 网络分析仪(Option 085)就可解决此类问题,它能够测量大功率电平条件下的器件. Option 085 在两个测量端口的接收路径上各装了一个内部可控制的 0~55 dB 的衰减器(衰减步径为 5 dB),如图 3-9 所示. 此系统能够在 20 W 的功率电平下进行两端口校准测量,若采用专用的配置可测量高达 100 W 的功率电平. 下面详细说明配置了 Option 085 的 Agilent 8722ES 网络分析仪测量大功率器件时的设置操作步骤[118].

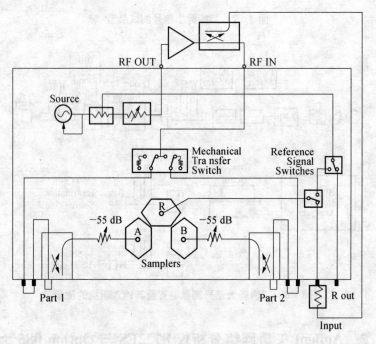

图 3-9 Option 085 框图

第一步,先去掉网络分析仪背面板上 RF OUT 与 RF IN 之间的跳线,将功率放大器的 RF INPUT 端与分析仪 RF OUT 端接在一起,在功率放大器的 RF OUT 端接一个 20 dB 的定向耦合器.

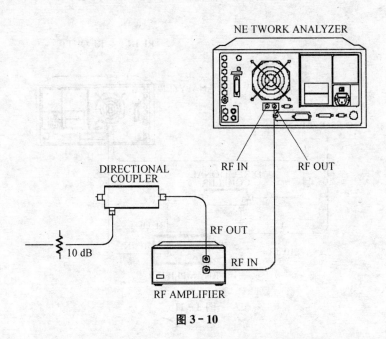

NE TWORK ANALYZER

DIRECTIONAL COUPLER

RF IN   RF OUT

10 dB

RF OUT

RF IN

RF AMPLIFIER

图 3 - 10

第二步,保存此状态并命名为 UPRESET. 为了使预置模式为用户自定义模式,按网络分析仪前面板上的 Preset PRESET: USER, 最终的状态将被保存成用户自定义模式,这样网络分析仪下次开机后的状态就是用户自定义的测量大功率信号的设置状态. 按 Power PWR RANGE AUTO POWER RANGES −20 ×1 ,使网络分析仪的 RF OUT 端的功率电平为 −20 dBm. 打开功率放大器的电源,使用一个功率计测量定向耦合器直通端和耦合端的功率电平并加以验证. 因为网络分析仪前面面板上 R Channel In 要求输入的功率电平在 −35 dBm 至 −10 dBm 范围内,所以验证定向耦合器耦合端的输出功率电平在此范围之内,若大于此范围可加衰减器使其最终输出的功率电平在此范围之内.

第三步,选择适当的功率电平使其不超出被测器件所允许的功率电平. 例如,假设功率放大器的增益是 +15 dB,被测器件需要的最

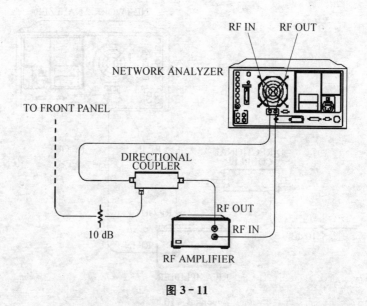

图 3 - 11

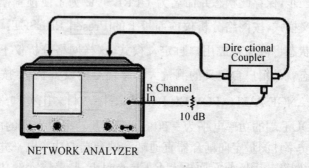

图 3 - 12

大功率电平为 20 dBm,那么调整网络分析仪 RF OUT 端的功率电平
不要超过 5 dBm Power PWR RANGE MAN POWER RANGES
RANGE 0 -15 TO +5. 估算被测器件的最大增益和网络分析仪

TEST PORT2 处的增益,例如被测器件的最大增益是+10 dB,它输入端的增益是+20 dB,那么网络分析仪 TEST PORT2 处的增益就是+30 dB. 为了使图 3-9 中取样器(Sampler)的最优功率电平在-10 dBm 附近,需对取样器 A、B 的两个衰减器的衰减量进行设定.假设取样器 A 从网络分析仪 RF 路径接收到的最大反射量为 $X1$ dBm,取样器 B 从被测器件处接收到最大的电平是 $X2$ dBm,网络分析仪耦合器的衰减为 $X3$ dBm,取样器最优功率电平是-10 dBm,那么衰减器 A、B 的衰减量可由下两式确定:

$$衰减器 A = X1 - X3 - (-10 \text{ dBm});$$

$$衰减器 B = X2 - X3 - (-10 \text{ dBm});$$

通过网络分析仪前面面板上的 $\boxed{\text{Power}}$ ATTENUATOR A、ATTENUATOR B 来设置衰减量.

第四步,为了激励起外部的参考模式,设定 $\boxed{\text{System}}$ INSTRUMENT MODE EXT R CHAN ON;下面就可以进行校准对被测器件测量了.

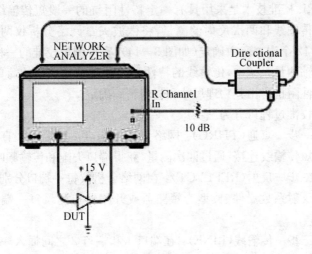

图 3-13

3.3 TRL 校准技术及 TRL 校准件的设计

配备了 Option 085 的 8722ES 网络分析仪仅仅是我们测量二极管大信号特性的一个前提条件,而像二极管、晶体管等 SMT(surface-mount technology)封装器件如何接入网络分析仪进行测量就是所要解决的必要问题了. 众所周知,网络分析仪一般配备同轴测量系统,用同轴标准负载(开路器、短路器、匹配器)进行校准. 对这些二极管、晶体管等封装器件的测量,针对不同的型号类型,不同的尺寸体积设计相应的测试支架. 测试支架的校准就需要相应的校准技术,TRL(Thru-Reflect-Line)校准技术就是为解决这些非同轴测量系统如波导系统、微带系统、带状线系统而开发的一种校准技术. 下面详细介绍 TRL 校准技术及 TRL 校准件和测试支架的制作.

3.3.1 TRL 校准技术

TRL 校准技术是采用具有一定特性阻抗的一段短传输线,通过对这段传输线和两次反射的测量,将微波矢量网络分析仪两个端口的全部 12 个误差函数确定(如图 3-14),实现测量校准的一种方法. 在非同轴测量系统中,传输线的特性是已知且最易获得的简单元件,它的特性阻抗可由其物理尺寸和材料精确确定.

其校准过程可分为三步:

第一步　直通(THRU):网络分析仪端口 1 和端口 2 直接或通过一段短传输线连接,通过四次测量,获得端口失配和传输频响特性.

第二步　反射(REFLECT):在网络分析仪每一端口分别连接已知的高反射系数器件(典型为短路器或开路器),测量每一端口的反射系数.

第三步　传输线(LINE):在端口 1 和端口 2 之间插入一段电长度已知的传输线,通过四次测量,再次获得端口失配和传输频响特性.

上述 10 个方程再加上前向和反向隔离校准得到的两个方程,就能完全确定图 3 - 14 中误差模型的 12 个未知量,完成测量校准工作[119].

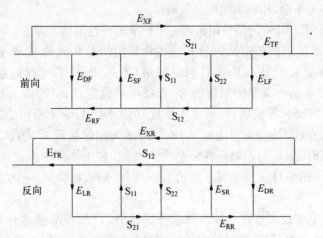

E_{DF}、E_{DR} 方向性误差 E_{TF}、E_{TR} 传输误差
E_{SF}、E_{SR} 源失配误差 E_{RF}、E_{RR} 反射误差
E_{XF}、E_{XR} 隔离误差 E_{LF}、E_{LR} 负载失配误差

图 3 - 14   TRL 校准 12 元误差模型

3.3.2   对 TRL 校准标准的要求

THRU(零长度):无损,特性阻抗 Z_0 不需事先知道,$S_{21} = S_{12} = 1 < 0°$,$S_{11} = S_{22} = 0$;

THRU(非零长度):Thru 的特性阻抗必须与 Line 的相同(如果它们不同的话,可以使用平均阻抗)Thru 的衰减不需要知道. 如果用 Thru 设定参考平面的话,它的插入相位和电长度必须已知和确定. 如果一个非零长度的 Thru 被设定为零延时,那么参考平面在 Thru 的中间;

REFLECT:可选择 Reflect 的反射系数为 1.0,反射系数的相位

必须知道并且设定在 ±1/4 波长和 ±90° 以内. 在计算误差模型时,二次方程式的解是基于反射系数的. 定义上的错误将会使测量相位产生 180° 的误差. 在两个端口上反射系数必须一致. 如果 Reflect 用来定义参考平面,相位的响应必须确定.

LINE:Line 的特性阻抗确立了标准的特性阻抗. (即 $S_{11} = S_{22} = 0$). 校准的阻抗被定义为与 Line 的特性阻抗是相同的. 如果我们已经知道了 Z_0,但不是我们想要的值(不等于 50 Ω),我们应该用 TRL 校准选择菜单中系统的 Z_0 选择项来设定,Line 的插入相位一定要和 Thru(零长度,或者非零长度)的不同. Line 和 Thru 之间的不同需在 (20° 和 160°)$\pm n \times 180°$. 当插入相位接近 0° 或者 180° 的整数倍时,测量的不确定性将会大大增加. 在工作频率范围内,Line 与 Thru 的最佳长度差是 1/4 波长或者 90° 插入相位,Line 的衰减不需确定[120].

从上述校准过程和标准要求可以看出,TRL 校准技术有着突出的优点:校准精度高,能完全确定网络分析仪的 12 个误差模型;校准件容易设计加工,并能灵活的选择参考面,并能根据传输线的实际阻抗(如 50 Ω、75 Ω 等)进行误差校准,因而 TRL 校准技术能广泛适用于波导、微带、带状线、共面波导等系统的精确测量.

3.3.3 TRL 校准件和测试支架的设计

在我们准备测量二极管大信号特性实验的工作中,我们对市场上的 TRL 校准件进行了一些调研,也查到国外一些公司有此类校准件的产品(如 WaveIn Measurement Technology Co. Ltd.),不过售价太贵,一套要十几万元人民币,限于经费我们决定自己设计所需的校准件. 根据上节中 TRL 校准件的设计标准,我们设计了一套精准的 TRL (Through-Reflect-Line) 校准件—open, through 和 delay. 电路加工版图如图 3-15 所示,最终电路板见附录图 9,电路基板的介电常数为 2.78,厚度是 0.8 mm,中间是一段 50 ohm 的微带线,宽度为 2.14 mm,准 TEM 波参考面位于微带线的中间. 图中,短路线长度为

16 mm,开路线长度为 14 mm,through 为 32 mm,delay 为 37 mm,diode test mount 上下两段微带线长度都是 16 mm.为了更好地保证 SMA 连接器焊接在各个校准件上的阻抗匹配性能,我们在每段微带线与 SMA 连接器焊接处各加了一段长为 4 mm 宽为 1.3 mm 的微带线,此微带线的长度和宽度与 SMA 连接器内导体的长度与直径相一致;在将 SMA 连接器焊接在 PCB 板时,为了保证每个 SMA 连接器焊接的一致性,我们采用了如图 3 - 16 所示的 SMA 连接器,它有四条支撑腿,用它的两条腿可以很好的将其固定在 PCB 板上,在图 3 - 15 中每段微带线两边我们都做了一块打满孔并孔化过的微带线,这也是为了焊接 SMA 连接器的方便.

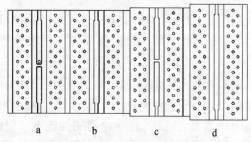

a. Open b. Through c. Diode test mount d. Delay

图 3 - 15   微带测量支架及校准件

图 3 - 16   SMA 连接器

　　设计精确的基于 PCB 板的测试支架时,SMA 连接器的特性及其各个连接器特性的一致性是非常重要的. 对一个校准件而言,它要有两个 SMA 连接器,为了减少连接器不匹配而造成的影响,必须要保证这两个连接器特性的一致性和连接器与 PCB 板焊接的一致性,网络分析仪的时域测量方法可以用来很好地检查各个连接器的特性及其一致性.

　　为了保证设计的校准件的高精确度,首先得保证使用的各个 SMA 连接器性能的一致性,我们购买了多个公司的 SMA 连接器(如上海东光电子、美国安普、法国 Radiall 电子公司等),经过对他们的 SMA 连接器进行时域性能的测试挑选,最终我们从 Radiall 公司的一批连接器中选取了 16 个一致性比较好的用来作为校准件使用的 SMA 连接器. 如图 3 - 17(a)、(b)、(c)所示即是美国安普、上海东光电子、法国 Radiall 公司的 SMA 连接器在矢量网络分析仪上测量的 S_{11} 时域曲线.

　　比较(a)、(b)、(c)三个图可以看出,美国安普公司的 SMA 连接器一致性不是很好,上海东光电子公司的 SMA 连接器时域曲线的第一个峰和第三个峰值太大,说明此连接器的性能不是很好,只有法国 Radiall 公司的 SMA 连接器本身的性能和一致性比较不错.

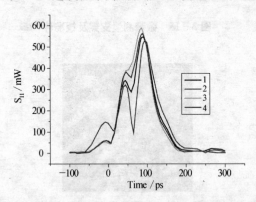

图 3 - 17(a)　美国安普公司四个 SMA 连接器时域测量曲线

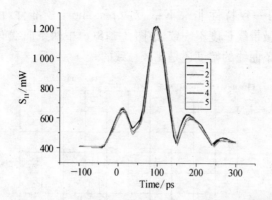

图 3 - 17(b)　上海东光电子公司四个 SMA 连接器时域测量曲线

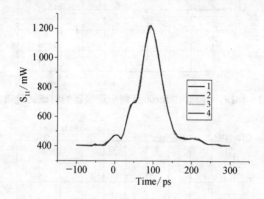

图 3 - 17(c)　法国 Radiall 公司四个 SMA 连接器时域测量曲线

为了保证校准件性能的高精度,我们在 SMA 连接器的焊接上做了大量细致的工作,图 3 - 18(a)、(b)、(c)即分别是校准件 through、line、open-short 的时域特性测量曲线. 对 through、line 两个校准件,测量时,校准件一端接网络分析仪另外一端开路,图 3 - 18(a)、(b)中两条曲线分别表示校准件正反两个方向的测量曲线,两个峰分别代表两个 SMA 连接器的时域 S_{11},前面那个低的峰代表的是与网络分析仪直接相连的连接器,由于另外一个连接器是开路的,所以峰值比较高. 从图中可看出这两个校准件的各自的两个 SMA 连接器焊接在校准件上的一致特性非常不错. 对 open-short 校准件，由于 open、short 两段微带线长度不一致，故图 3-18(c)中两条曲线有个延迟错位，不过两条曲线的幅度还是比较一致的.

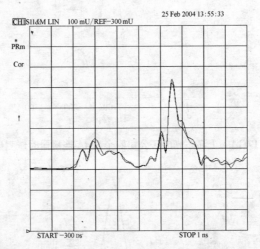

图 3-18(a)　校准件 through 两个连接器的时域测量曲线

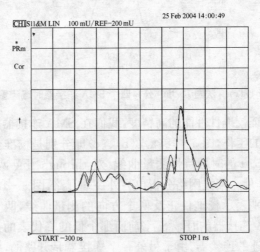

图 3-18(b)　校准件 line 两个连接器的时域测量曲线

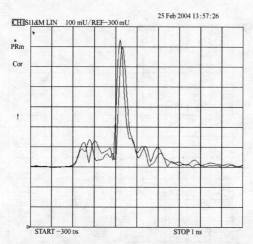

图 3 - 18(c)　校准件 open-short 两个连接器的时域测量曲线

　　为了验证所设计加工的校准件的准确性,我们利用这套校准件对网络分析仪进行了 TRL 校准,然后对网络分析仪自身附带的校准件进行了验证测量,如图 3 - 19(a)、(b)所示.(a)是测量 open 校准件的 S_{11} 曲线,(b)是测量校准件 50 Ω 匹配负载的 S_{11} 曲线,我们加工的这套校准件的精准度还是很不错的.

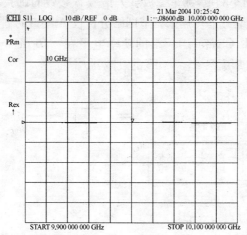

图 3 - 19(a)　网络分析仪附带校准件 open 的 S_{11} 测量曲线

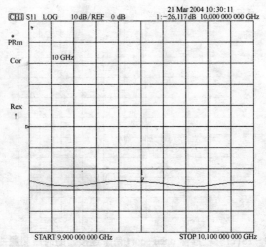

图 3 - 19(b)　网络分析仪附带校准件 Load 的 S_{11} 测量曲线

3.4　大信号二极管 S 参数及输入阻抗的测量

配备了 085 选件的 Aglient 8722ES 矢量网络分析仪可以用来对器件进行大功率测量,测量二极管大信号 S 参数的试验装置如图 3 - 20 所示. 可变衰减器可用来调节网络分析仪 A 端口的输出功率,为了保证输入到"R Channel In"端的功率电平在 -10 dBm 和 -35 dBm 之间,框图中使用了一个 30 dB 的衰减器.

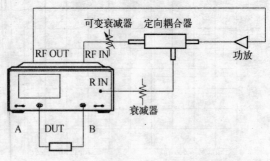

图 3 - 20　二极管大信号 S 参数测量装置

二极管大信号 S 参数测量的操作步骤：

1）打开网络分析仪电源，确认开机状态为 3.2 节大功率测量的设置用户自定义状态，通过网络分析仪前面面板上的 Power ATTENUATOR A 20 dB、ATTENUATOR B 20 dB 来设置衰减量.

2）激励外部的参考模式，设定 System INSTRUMENT MODE EXT R CHAN ON.

3）在网络分析仪 A 端口接入功率计测出其输出到被测器件的输入功率电平.

4）对网络分析仪进行 TRL 校准.

5）对二极管测试支架进行测量，得到二极管的大信号 S 参数.

焊接在测试支架上的二极管如图 3-21，二极管为 HP8202，其封装等效电路如图 3-22 所示，它包括两个二极管串联，此处我们使用倍压电路，将公共端 3 焊接在微带线的输入端，1 端和 2 端分别焊接在接地端和微带线的输出端，这种接法是将两个二极管组合，使输入的微波在正负半周都能使其中一个二极管导通，在输出端形成正负电位差，这样便使检波电路的输出电压提高一倍. 为了减少实验误差，我们加工了三个二极管测试支架并进行了测量，二极管的 S 参数取这三个的平均值，图 3-23 即是其中的一个二极管在输入功率为 100 mW 时的 S 参数曲线. 对测量的三个二极管的 S 参数取平均值，得到 HP8202 二极管在 100 mW 输入功率下的 S 参数：$S_{11} = -7.3073$ dB，$S_{21} = -6.2053$ dB，$S_{12} = -5.731$ dB，$S_{22} = -10.2127$ dB.

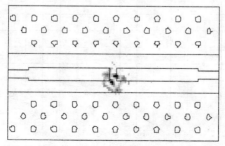

图 3-21 二极管测试支架

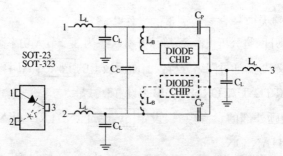

图 3 - 22   HP8202 二极管的封装等效电路(小信号)

我们利用 Ansoft Harmonic 电路仿真软件和实验测得的 S 参数
对二极管参数如图 3 - 22 进行了仿真优化,得到了它在 100 mW 输入

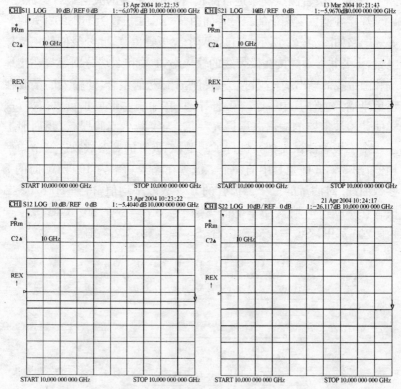

图 3 - 23   HP8202 二极管在 100 mW 输入功率下的 S 参数

功率下的内部参数如表 3-1,图 3-22 中 DIODE CHIP 如图 3-2 所示.

表 3-1　内部参数

L_L	L_B	C_L	C_C	C_P	R_S	R_j	C_j
0.8 nh	0.6 nh	0.05 pF	0.035 pF	0.03 pF	7.7 ohm	26 ohm	0.13 pF

　　为了得到二极管在多少输入功率电平和直流负载下有最大的 RF-DC 转换效率,我们对二极管在不同的输入功率电平和不同的直流负载下的 RF-DC 转换效率进行了测量,图 3-24 是其测试连接框图,其中,功率计被用来监测二极管的输入功率电平,22 pF 的接地电容被用来作为直通滤波器.

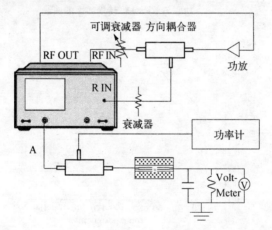

图 3-24　HP8202 二极管 RF-DC 转换效率的测试框图

　　图 3-25(a)、(b)是测量曲线,由实验曲线可见,HP8202 二极管在 100 mW 输入功率电平下,200 Ω 直流负载时的 RF-DC 转换效率最大,最大值为 36.6%,转换效率由下式计算:

$$整流转换效率 = V_{dc}^2 / (R_{Load} * P_{in}) \qquad (3-18)$$

　　同时,我们也测得了在此条件下包括二极管和 200 Ω 负载组成的整流电路的输入阻抗,为 $R_{in} = 66 + 27j$ ohm.

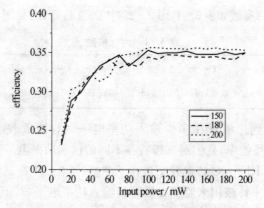

图 3 – 25(a)　HP8202 二极管在不同的直流负载下输入
功率与 RF – DC 转换效率的曲线

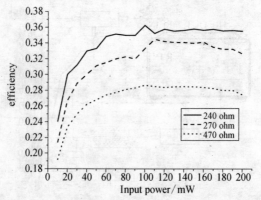

图 3 – 25(b)　HP8202 二极管在不同的直流负载下输入
功率与 RF – DC 转换效率的曲线

3.5　二极管大信号 RF – DC 转换效率的测量

　　为了提高二极管的 RF – DC 的转换效率,我们根据测得的整流
电路的输入阻抗,设计了一个高效的整流电路如图 3 – 26 所示.四分
之一支节短路阻抗变换器是为了调节输入端与整流电路的阻抗匹

配,利用 Ansoft 电路仿真软件 Harmonic 对其仿真优化,其 S 参数曲线如图 3 - 27,可见其 S_{11}、S_{21} 在频率为 10 GHz 时完全符合需要. 二极管输入端的微带线宽度与二极管的管脚宽度尺寸一致,这是为了二极管焊接时位置便于控制;鉴于在前面的测量中发现滤波电容对滤除高次谐波效果不太理想,这里使用了微带直通滤波器,不过,这样增大了电路尺寸. 图 3 - 28 是直通滤波器的仿真优化 S 参数曲线,频率高于 8 GHz 以上的微波分量都不能通过此滤波器,鉴于实验采用的是点频测量,即 10 GHz,二极管整流只会激励出 10 GHz 的倍频,所以不会有低于 10 GHz 的微波分量输入到直通滤波器,只有直流通过. 其测量设置框图如图 3 - 29,整流电路板前的定向耦合器一方面也相当于一个隔离器,阻止了二极管整流产生的高次谐波对功率源的影响,所以此处整流电路前端没有加低通滤波器. 图 3 - 29 与3 - 24 的区别在于整流电路板前加了个双支节调配器,调节整流电路与功率源的阻抗匹配,以便得到最大的 RF - DC 转换效率. 通过调节双支节调配器,在 10 GHz 输入功率为 100 mW,200 ohm 直流负载测得了最大的转换效率 66%,如图 3 - 30,实线表示频率为 10 GHz 输入功率为 100 mW 时整流效率与直流负载的关系曲线. 鉴于电路加工精度误差,我们又在 9.4~10.4 GHz 频率范围内对整流电路的转换效率进行了测量,结果在 9.75 GHz,90 mW 的输入功率时得到了70% 的转换效率,如图 3 - 31. 这里转换效率的计算如(3 - 18)式与文献[9]中相比没有减去反射波的功率. 此测量方法可适用于一般的固态器件的大信号测量.

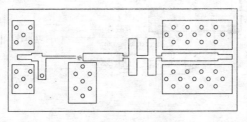

图 3 - 26　整流电路板图

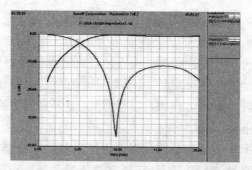

图 3 - 27   四分之一支节短路阻抗变换器 S 参数仿真曲线

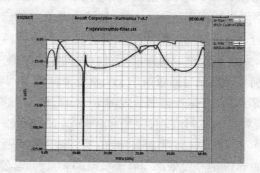

图 3 - 28   整流电路直通滤波器的 S 参数仿真优化曲线

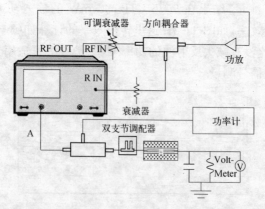

图 3 - 29   二极管大信号 RF - DC 转换效率的测试框图直流负载 $R_L(\Omega)$

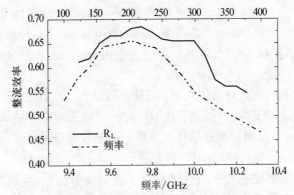

图 3 - 30　整流效率分别与直流负载和频率的关系曲线

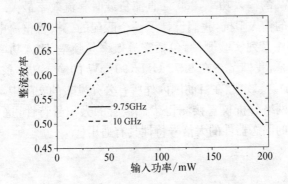

图 3 - 31　整流效率与输入功率的关系曲线

3.6　小结

　　本章对整流天线中微波整流二极管的大信号特性测试进行了全面深入的阐述.首先对影响二极管整流效率的参数做了详尽的分析,给出了挑选微波整流二极管的依据,并详细地介绍现今国内外提取二极管大信号参数的两种方法,在此基础上给出了一套建立在Agilent 8722ES 网络分析仪及其 085 选件基础上能直接测量二极管大信号特性的测量系统.

　　本章第二节、第三节详细介绍了 Agilent 矢量网络分析仪 8722ES 与 085 Option 大功率测量的设置步骤和 TRL 校准件的详细制作过程,并对 TRL 校准件制作过程中遇到的问题和解决办法做了进一步的讨论.

　　最后利用此测量系统我们对 HP-HSMS-8202 二极管的大信号 S 参数进行了测量,得到了在 100 mW 的输入功率下的 S 参数,并利用 Harmonic 电路仿真软件对二极管的等效电路进行优化,最终得到了其大信号等效电路参数. 接着我们又对 HP-HSMS-8202 二极管 RF-DC 的整流效率特性进行了一系列实验测量,通过对其测量的整流效率与输入功率及不同的整流负载的曲线分析,我们发现其在 100 mW 的输入功率,200 Ω 直流负载时整流效率最大. 利用测得的二极管的输入阻抗,我们设计了一个匹配的二极管整流电路,对此整流电路一系列实验测量,包括整流效率与频率、输入功率、整流负载间的关系,我们最终在 9.75 GHz,90 mW 的输入功率条件下得到了 70% 的转换效率. 在目前国内外所有公开发表的文献中,我们是第一次利用网络分析仪直接测得了二极管的大信号特性,这个方法对测量一般的固态器件的大信号特性具有通用性.

第四章　管道探测无缆微机器人微波供能系统的设计

4.1　引言

　　火力发电厂、核电厂、化工厂、民用建筑等要用到各种各样的微小金属管道,其安全使用需要定期检修,仅以核电站热交换器为例,它是核电厂的主要设备之一,由数千根内径约为 20 mm 的传热管组成传热管束,管内为带放射性的冷却剂,管外为二次侧水,由于水力激振和腐蚀造成管壁减薄或损坏,为防止放射性物质的泄漏,需要对管子进行定期检查. 目前使用的方法是在停机检修期间用涡流传感器进行检查,由于其空间小、危险性大,人工维修存在很大的难度,由此,针对此领域的应用诞生了管道探测微机器人系统的研究.

　　到目前为止,所研究的管内作业机器人大多由电机驱动,少数为气动或液压驱动. 不论采用何种动力源,其能源供能方式只有两种:有缆方式和无缆方式. 对有缆机器人,主要问题是当有缆机器人在管道内行走的距离过长或经过弯道时,线缆与管壁的摩擦较大,有可能超过微机器人的牵引力;对于无缆机器人一是携带电池,二是携带燃油发电机组,当采用电池时,电池容量是有限的;当采用燃油发电机组时,在管道深处可能会由于氧气不足造成燃油发电机组停火,因此,这两种供能方式均限制了管道微机器人的工作距离和稳定性. 由于金属管道对微波来说相当于一个传输波导,微波在波导中的传输理论已相当成熟,因此利用微波输能完全可以作为管道机器人的一种新的供能方式. 日本对微机器人的研究起步很早,研究工作也很系统化,早在 20 世纪 90 年代初期日本就开始针对管道探测机器人进行了一系列研究,结合当时日本国内微波输能技术的广泛研究,1997年,他们提出了微波输能管道探测机器人系统[121, 122],在 1999 年公开发表的资料中,他们研制的微波输能管道探测机器人系统在实验室除了实现微波驱动外还解决了管内探测机器人与外界的简单通信问题[123, 124].本章课题就是来源于我们与上海大学机械系合作申请的国家自然基金项目.

4.2　管道探测微机器人微波供能系统原理

管道探测微机器人微波供能系统如图 4-1 所示.微波激励装置将微波能耦合进管道,管道相当于传输波导,在管道中作业的微机器人利用其携带的微波接收装置(整流天线)接收微波能量并将其转换成直流电获得电源供应.

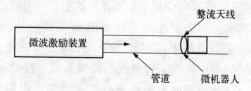

图 4-1　管道微机器人微波供能系统

微波激励装置的设计要考虑微波在管道中传输的损耗,确定工作频率,由于金属管道也有弯管,内壁有些地方比较粗糙,所以还要考虑微波在管道内传输过程中的极化旋转问题.对机器人微波能量接收装置即整流天线的设计,主要是解决接收天线与整流电路间的匹配问题,以提高整流效率最大的供给机器人能量.下面就对这两个装置的设计过程进行一一的阐述.

4.3　管道探测微机器人微波供能系统激励装置的设计

图 4-2 是微波激励装置示意图.微波固态源产生毫瓦级的小功

率微波信号,经功率放大器放大到瓦级功率电平,再经过定向耦合器、波导-同轴转换器、矩-圆波导过渡器和过渡接头与不锈钢管道相接,此处用的是内径为 20 mm 的不锈钢管. 为了使微机器人在管道爬行中整流天线处能有稳定的微波功率,在功率放大器前加了个电控衰减器,根据微机器人的爬行速度和爬行距离来调节功率放大器的增益,使传输到微机器人处的微波功率稳定在某个值. 为了监控管道内微机器人微波接收天线与微波在管道中传输的极化匹配,我们在定向耦合器耦合臂端接了个功率计[125].

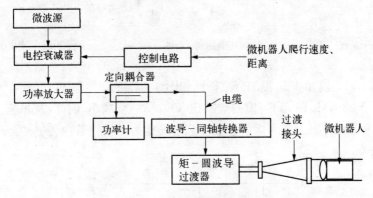

图 4 - 2   激励装置原理图

4.3.1   选择圆波导的工作模式

图 4 - 3 所示的圆波导中,TE_{11}、TE_{01}、TM_{01} 是三个常用的模式,TE_{11} 模的截止波长 λ_c 最大,所以它是圆波导中的最低模式. 当 $2.62a < \lambda_c < 3.41a$ 时(a 是圆波导的半径),可以保证在圆波导中只有 TE_{11} 模传输,而其他模式都处于截止状态;对我们所用的不锈钢管道,TE_{01} 模和 TM_{01} 模的衰减都比较大,且都不是最低模式,不加措施抑制其他的模

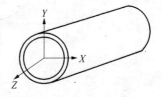

图 4 - 3   不锈钢管道

式很难实现它们的单模传输. 公式(4-1)、(4-2)分别是圆波导中
传输 TE_{mn} 模和 TM_{mn} 模时的导体衰减常数[126, 127]：

$$\alpha_{\mathrm{c}}(\mathrm{TE}_{mn}) = \frac{R_{\mathrm{s}}}{\eta_{\mathrm{TE}}a\sqrt{1-\left(\frac{\lambda}{\lambda_{\mathrm{c}}}\right)^2}}\left[\left(\frac{\lambda}{\lambda_{\mathrm{c}}}\right)^2 + \frac{m^2}{\mu'_{mn}-m^2}\right] \quad (NP/m)$$

$$(4-1)$$

$$\alpha_{\mathrm{c}}(\mathrm{TM}_{mn}) = \frac{R_{\mathrm{s}}}{\eta_{\mathrm{TM}}a} \cdot \frac{1}{\sqrt{1-\left(\frac{\lambda}{\lambda_{\mathrm{c}}}\right)^2}} \quad (NP/m) \qquad (4-2)$$

其中, R_{s} 为圆波导的表面电阻, η_{TE}、η_{TM} 分别是 TE 波和 TM 波的波
阻抗.

TE_{11} 模和 TE_{01} 模的衰减特性如图 4-4 所示, 由图可见, 当频率
低于 28 GHz 时, TE_{11} 模的衰减比 TE_{01} 模的衰减小, 因此, 从单模工
作和衰减小的要求考虑, 应选择 TE_{11} 模作为不锈钢管内传输的工作
模式.

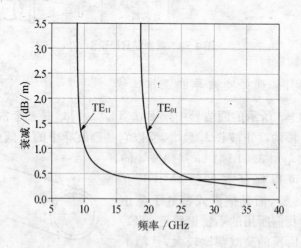

图 4-4 不锈钢管波导 $\mathbf{TE}_{11}$ 和 $\mathbf{TE}_{01}$ 模的衰减特性

4.3.2 选择工作频率

圆波导中 TM_{01} 模是仅次于 TE_{11} 模的第二最低模式,所以我们这里只给出了 TE_{11} 模和 TM_{01} 模的截止频率与圆波导直径的关系,如图 4-5 所示,当管道直径为 20 mm 时,工作频率取 10 GHz 比较合适,这时被测管道只激励出基模 TE_{11} 模,而不出现其他高阶模.

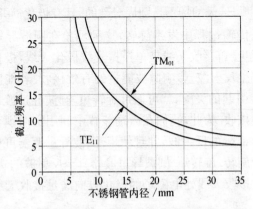

图 4-5 TE_{11} 模和 TE_{01} 模截止频率与不锈钢管内径的关系

4.3.3 选择功率放大器

圆波导中,基模 TE_{11} 模的单位长度衰减 $\alpha_{TE_{11}}$ 可由(4-1)式化为下式:

$$\alpha_{TE_{11}} = 5.040\sqrt{\frac{\sigma_0}{\sigma}}D^{-1.5}\frac{1+0.418\,5\left(\frac{f}{f_c}\right)^2}{\sqrt{\frac{f}{f_c}}\cdot\sqrt{\left(\frac{f}{f_c}\right)^2-1}} \qquad (4-3)$$

式中 σ_0 为铜的电导率,σ 是被测波导壁材料的电导率,D 是波导内径,f_c 是 TE_{11} 模的截止频率. 根据上式,工作频率为 10 GHz 时,计算得到内径为 20 mm 的不锈钢管道的衰减是 1.1 dB/m. 假设被测管道长度是 3 m,电缆、定向耦合器、波导-同轴转换器(两只)、矩-圆波导过渡器、过渡接头的插入衰减之和是 2.7 dB,接收部分整流天线的反射损耗为 0.6 dB,其 RF - DC 的转换效率为 30%,若微机器人要求获得大于 230 mW 的直流功率,需要功率放大器的输出功率应大于 4 W.

4.3.4 传输过程中的极化旋转

圆波导中 TE_{11} 模的场不是圆周对称的,具有极化简并现象,其极化方向可能在传输过程中发生旋转,这种现象在圆波导发生变形或弯曲时更易发生.若接收天线是单极振子线极化天线,极化旋转将导致接收天线产生反射波,影响微波能量的有效接收.若能监测接收天线因极化旋转引起的失配,就可通过旋转矩-圆波导过渡器来保证接收天线的有效接收.为此,我们在激励装置中利用定向耦合器和功率计来监测接收部分的反射波,并且使矩-圆波导过渡器可相对于过渡接头能够进行旋转.旋转矩-圆波导过渡器直至反射波的功率最小,就可使得机器人接收天线处电磁场的极化方向满足接收天线有效接收的要求.

4.3.5 接收能量的稳定电路

微机器人在管道内爬行过程中,随着爬行距离的增加,管道的损耗也不断增加,使接收到的微波功率不断减小,微机器人也就不能获得稳定的电源.电磁波在金属管道里传输时,其功率可表示为

$$P(z) = P_0 e^{-\alpha z} \qquad (4-4)$$

式中 α 是传输衰减常数,z 表示传输距离,P_0 是管道入口处的微波功率,P_0 的大小与电控衰减器的衰减有关,若使电控衰减器的衰减随微机器人的爬行时间而变化,记为 $A(t)$,则管道里的电磁波功率为

$$P(z) = A(t) P_0 e^{\alpha z} \qquad (4-5)$$

设微机器人的爬行速度为 v,则有 $z = vt$,那么

$$A(t) = Be^{az} = Be^{avt} \qquad (4-6)$$

为此我们用一个控制电路产生一个指数波形,使电控衰减器的输出按(4-6)式的规律随时间变化,这样微机器人就可获得基本稳定的直流电源.

4.3.6 实验测量结果

利用如图 4-6 所示的测量装置对直径为 20 mm 的不锈钢直管和弯管的传输损耗进行了测量,图中的激励装置同图 4-2.被测直管的长度是 1.1 m,弯管长度为 1.3 m,弯曲半径为 0.5 m,测得直管的传输损耗为 1.26 dB/m,弯管为 1.3 dB/m,这与 1.1 dB/m 的计算值比较接近;在测量过程中直管未发现极化旋转现象,弯管有很强的极化旋转现象,旋转角度接近 90°,这时功率计测得的反射波功率很大,而不锈钢管道终端的功率计测得的功率很小,旋转矩-圆波导过渡器,使反射波功率减至最小,这时不锈钢管道终端的功率计测得的功率达到最大值,这个结果表明,通过测量反射波功率,可以监测管道中的极化旋转现象,通过旋转矩-圆波导过渡器可使得微机器人接收天线处电磁场的极化方向满足接收天线有效接收的要求.

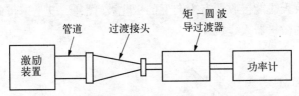

图 4-6 测量不锈钢管道传输衰减实验装置图

4.4 管道探测微机器人微波供能系统能量接收部分设计

图 4-2 中为了使管道探测微机器人接收到微波能量,能量接收装置必须先将圆波导中的 TE_{11} 模转换为 TEM 模,而 TEM 模是同轴、微带传输线的基本传输模式,所以振子天线、微带天线就能接

收圆波导中的微波能量并将其传输到整流电路转换成直流电源,即接收部分就是一个整流天线,只不过这个整流天线是处在不锈钢管道中,接收天线是在管道中工作,整流电路的面积将受不锈钢管道尺寸的制约.这给我们设计此整流天线带来了很大的困难.

4.4.1　接收天线的设计

日本人设计的管道探测微机器人微波供能系统接收天线采用了两种形式,一是单极振子天线,如图 4 - 7,图 4 - 8 是微机器人携带单极振子整流接收天线的样机,左边第一部分是单极振子接收天线,中间部分是整流电路,右边部分是微机器人.单极振子天线的优点是结构简单,易加工制作,效率高,不过由于其是线极化的,当微机器人在管道中探测作业时,有些情况需要对管道整个圆周壁进行探测,所以需要旋转作业,造成接收振子天线极化方向与微波传输的极化方向失配,使微波能量接收效率大大降低.为了克服这种情况,他们后来又设计了一个微带天线,如图 4 - 9,此天线是由四个贴片天线垂直正交排列组成的天线阵,每个贴片天线都是线极化的,所以四个这样排列的接收天线能接收所有方向上的极化波.图 4 - 10 是携带此微带整流天线的微机器人样机.

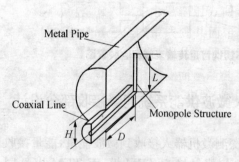

图 4 - 7　不锈钢管道中的　　　　图 4 - 8　携带单极振子整流
　　　　单极振子天线　　　　　　　　　天线的微机器人样机

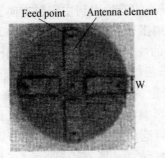

图 4-9 四单元微带
接收天线

图 4-10 携带四单元微带整流天
线的微机器人样机

我们在设计接收天线时,借鉴日本的经验初始也设计了一个单极振子天线,如图 4-11. 由于我们所用的微波二极管 HP-HSMS8202 整流性能不是很好,若要整流出足够大的微波功率,需要多个二极管组成的整流电路,而管道的内径又决定了整流电路板的尺寸面积不能太大,所以我们又考虑了一种能平放在管道中的印刷天线——准八木天线.

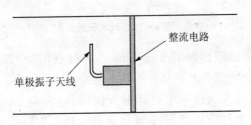

整流电路

单极振子天线

图 4-11 整流天线

4.4.1.1 准八木天线(quasi-Yagi antenna)

准八木天线是由八木天线(Yagi-Uda)发展来的,它最早是由美国加利福尼亚大学(UCLA)微波实验室在 1997 年提出来的[128]. 图 4-12 是常用的八木天线的一个示意图,它是由一个主振子(约为半个波长)、一个反射器和若干个引向器所组成. 除主振子和馈电系统直接连接外,反射器和引向器都是无源振子,各振子均置于同一平面内.反射器和引向器的作用是将有源振子的能量引到主辐射方向上去.有源振子由于加有高频电动势,在周围空间产生电磁场,使得无源振子中出现感应电动势,产生相对应的高频电流,这些电流在周围空间再衍生电磁场.由于存在无源振子,根据互感原理在有源振子上也产生相应的感应电流.所以有源振子上的总电流是激励电流与感应电流之和.可见,无源振子的存在会影响激励单元的电气特性.只要反射器的长度和它到有源振子的距离选得适当,使反射器和有源振子所产生的电磁场在一个方向(反射器的一边)上互相抵消,在相反的方向(主辐射方向)上相互叠加,这样就可使天线得到单向辐射特性.这种天线结构简单,所以获得了非常广泛的应用.

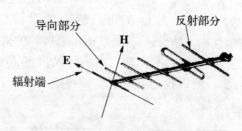

图 4 - 12　八木天线

准八木天线跟传统的 Yagi-Uda 八木有点相似.如图 4 - 13,它主要由两部分构成:上半部分为辐射部分,包括印刷偶极子和引向器,引向器引导着天线的电磁辐射方向,同时它也是一个输入阻抗匹配元件;下半部分是微带线到共面带状线(CPS)的转换,微带线的两个臂相差半波长,以实现共面带状线的奇模激励,因而起到一个宽带巴仑的作用,微带线背面截断的接地面起到反射器的作用.Quasi-Yagi 天线一个最大的改进是利用了微带线的接地面作为它的反射器,解决了单个偶极部件的应用,天线的印制偶极子产生 TE_0 表面波,而把 TM_0 波抑制到最小,这样就消除了远场区交叉极化,介质板反面的接地面对 TE_0 模来说是一个理想的反射器[129~131].

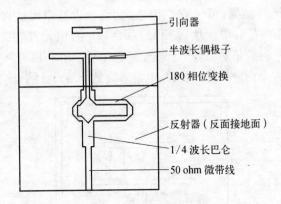

引向器

半波长偶极子

180 相位变换

反射器（反面接地面）

1/4 波长巴仑

50 ohm 微带线

图 4 - 13　Quasi-Yagi 天线

准八木天线是一种宽频带天线,它不仅继承了八木天线的优点,辐射方向性强,而且采用高的介电常数的介质材料,天线的尺寸可以设计的非常小,大约只有半个波长,并且由于它是单平面天线,易于组成阵列,所以准八木天线的应用前景非常看好.

对我们管道机器人接收天线来讲,这种准八木平面天线除了上述优点外,它最主要的就是能够平放在不锈钢管道中(与管轴线平行放置),这样连接在天线后边的整流电路将有足够的空间来设计了.我们利用三维电磁仿真软件 HFSS 对频率为 10 GHz 的自由空间和管道中的准八木天线分别进行了仿真优化设计,所用介质板的介电常数是 9.6,厚度 0.8 mm. 图 4 - 15 是自由空间中的准八木天线在HFSS 仿真中的三维结构图,其中实际尺寸图 4 - 14 如下:$L_{dir} = 3.3$ mm, $S_{dir} = 3.0$ mm, $S_6 = 0.3$ mm, $W_2 = 1.2$ mm, $W_1 = W_3 = W_4 = W_5 = W_{dri} = W_{dir} = 0.6$ mm, $L_1 = 3.3$ mm, $W_6 = S_5 = S_6 = 0.3$ mm, $L_2 = 1.5$ mm, $L_3 = 4.8$ mm, $L_4 = 1.8$ mm, $L_5 = 1.9$ mm, $S_{ref} = 3.5$ mm, $S_{dir} = 3.0$ mm, $S_{sub} = 1.5$ mm, $L_{dri} = 8.7$ mm. 图 4 - 16 是 HFSS 仿真的 S_{11} 曲线,在测量过程中我们发现测得的 S_{11} 曲线与 HFSS 仿真曲线有些差别,为了验证我们又用FDTD 对此准八木天线进行了计算,图 4 - 17 即是 FDTD 计算结果和实验测得的曲线,可见它们比较吻合,分析其原因这可能是由于 HFSS 采用的是有限元法,而 FDTD 是基于有限元方法的基础上发展起来的一种数值算法,当计算比较复杂的结构时,FDTD 更精确些,不过作为一个商业软件,HFSS 也足够满足产品设计的要求了.

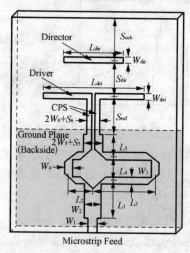

图 4 - 14   准八木天线实际结构图

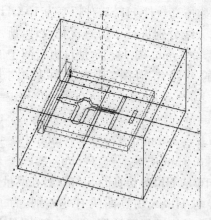

图 4 - 15   准八木天线的 HFSS 仿真三维结构

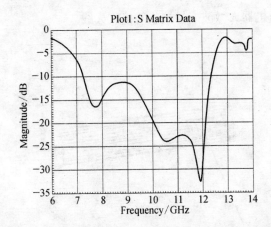

图 4 - 16　自由空间中准八木天线的 HFSS 反射损耗仿真曲线

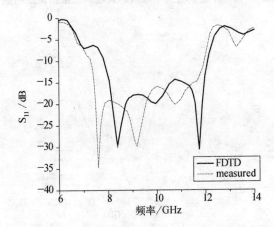

图 4 - 17　准八木天线的 FDTD 计算与实验测量曲线

　　整流天线中的整流电路在整流过程中会产生高次谐波,为了防止高次谐波对接收天线产生的影响,我们一般在两者之间加一个低通滤波器,图 4 - 18 即是准八木天线又加了一个低通滤波器后在不锈钢管道中的三维结构图,图 4 - 19 是 HFSS 仿真和实验测量的 S_{11} 曲线.由曲线可见,仿真结果和测量结果比较吻合,此准八木天线能够用作管道微机器人微波能量接收的接收天线.

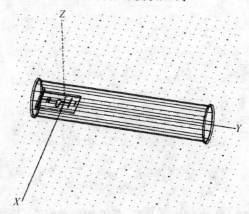

图 4-18　不锈钢管道中准八木天线的三维仿真结构图

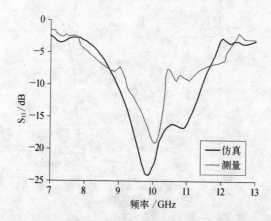

图 4-19　不锈钢管道中准八木天线的 HFSS 仿真与测量曲线

4.4.1.2　不锈钢管道内圆极化微带天线的设计

为了解决管道微机器人在旋转作业时能量接收的不稳定性问题,我们又设计了管道内的微带圆极化贴片天线,下面将对这一设计内容展开讨论.

鉴于微带贴片天线体积小、重量轻、易集成且易实现圆极化等特点,我们选用了圆极化微带天线作为管道机器人供能系统的接收天线,以此来解决微机器人在旋转作业时能量接收的不稳定性问题.

微带天线实现圆极化的方法大致分为三类[132],见表 4 - 1. 图 4 - 20 也列出了部分实现圆极化的基本方式,分别为:(a)切角(truncated corners);(b)准方形、近圆形、近等边三角形;(c)表面开槽(tuning-stub);(d)带有调谐枝节(slots/slits);(e)正交双馈、曲线微带型、行波阵圆极化节. 任一圆极化波可分解为两个在空间、时间上均正交的等幅线极化波,也就是实现圆极化天线的基本条件:两个空间正交的线极化波,二者振幅相等(即简并模),相位相差 90°. 虽然圆极化天线形式各异,但产生机理都是一样的.

表 4 - 1 微带天线圆极化方法

类 型	产生机理	实现形式	设计关键	优 点	缺 点
单馈法	基于空腔模型理论,利用简并模分离元产生两个辐射正交极化的简并模工作	引入几何微扰,方案多样,适于各种形状贴片	确定几何微扰,即选择简并分离元的大小和位置,以及恰当的馈点	无需外加的相移网络和功率分配器,结构简单,成本低,适合小型化	带宽窄,极化性能较差
多馈法	多个馈点馈电微带天线,由馈电网络保证圆极化工作条件	可采用 T 形分支或 3 dB 电桥等馈电网络	馈线网络的精心设计	可提高驻波比带宽及圆极化带宽,抑制交叉极化,提高轴比	馈电网络较复杂,成本较高,尺寸较大
多元法	使用多个线极化辐射元,原理与多馈点法相似,只是将每一馈点都分别对一个线极化辐射元馈电	有并馈或串馈方式的各种多元组合,可看作天线阵	单元天线位置的合理安排	具备多馈法的优点,而馈电网络较为简化,增益高	结构复杂,成本较高,尺寸大

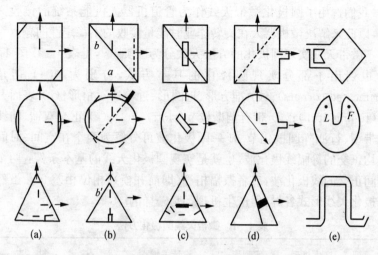

图 4 - 20　微带天线单元的基本圆极化方式

　　由于管道内微带天线的圆极化性能不太好验证,其在管道中的方向图和轴比都不太好进行测量,所以我们采用了 HFSS 仿真和利用第二章中讲述的时域有限差分法两种方法进行计算校对,并测量了微带天线在管道中旋转时不同方位的 S_{11},验证了其圆极化性能. 图 4 - 21 即是我们采用的单馈点切角的圆极化贴片天线形式,其工作

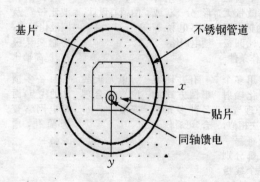

图 4 - 21　不锈钢管道中的圆极化贴片天线

频率为 $10\,\text{GHz}$，$\varepsilon_r = 2.78$，$h = 0.8\,\text{mm}$，贴片边长为 $8.2\,\text{mm}$，切角为 $1.8\,\text{mm}$. 利用第二章中介绍的 FDTD 结合 PML 层吸收边界条件及正弦调制高斯脉冲作激励源对圆波导中微带天线进行了全波分析. 设置 FDTD 网格增量为 $\Delta x = 0.381\,\text{mm}$，$\Delta y = 1.016\,\text{mm}$，$\Delta z = 1\,\text{mm}$，时间步长 $\Delta t = \dfrac{\Delta x}{2c} = 0.635\,\text{ps}$，计算网格总数为 $60 \times 10 \times 150$.

图 $4-22$、$4-23$ 分别是微带天线在圆波导中 FDTD 数值计算和利用 HFSS 仿真的 S_{11} 与圆极化轴比的比较曲线，可见它们都比较吻合. 图 $4-24$ 是微带天线在不锈钢管道中的圆极化性能测量装置图，不锈钢管道通过一个矩-圆波导过渡器与网络分析仪相接，由于微带天线在管道中的放置时的垂直度影响着其性能，所以我们使用了一个固定装置来保证微带天线在管道中垂直. 图 $4-25(a)$、(b)、(c) 是微带天线在不锈钢管道中分别旋转 $0°$，$45°$，$90°$ 时的测量曲线，由曲线可知其在 $0°$，$45°$，$90°$ 时的 S_{11} 分别为 $-21\,\text{dB}$，$-18\,\text{dB}$，$-19\,\text{dB}$，可见微带天线在管道中作旋转运动时其反射系数变化很小，验证了此微带天线在不锈钢管道中的圆极化性能.

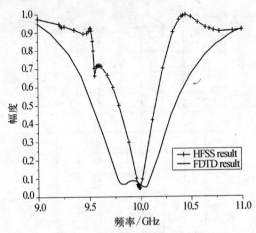

图 4-22 不锈钢管道中的微带天线 S_{11} 计算仿真曲线

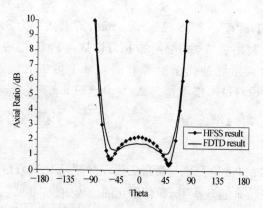

图 4-23 频率为 10 GHz 时轴比与 Theta 的关系曲线

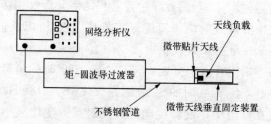

图 4-24 不锈钢管道内微带天线测量系统

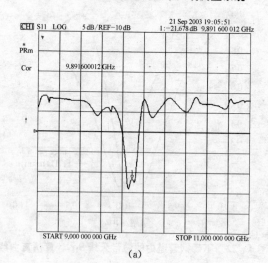

(a)

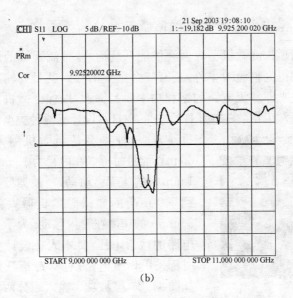

(b)

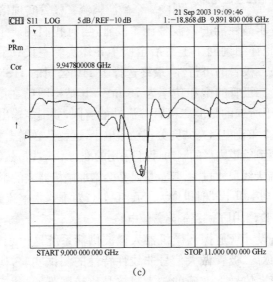

(c)

图 4 - 25   微带天线在管道中分别旋转 0°、45°、90°时的 S 参数

4.4.2 整流天线整流电路的设计及其测量

对管道探测微机器人微波供能系统而言,整流天线的设计除了尽可能地提高整流效率外,还有一个重要的性能就是要输出足够大的功率电平即整流电路的饱和功率要足够大,以保证微机器人的驱动电机正常工作.在文献[121,122]中日本设计了两种类型的管道微

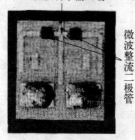

微波功率输入端

微波整流二极管

图 4 - 26 倍压整流电路

机器人,一种类型是当微机器人接收到 50 mW 能量时可以在内径为 15 mm 管内以 1 mm/s 的速度移动;另一种类型是当接收到 200 mW 的能量时微机器人就可以以 3 mm/s 的速度在管内移动.为了提高整流电路的输出电压,日本人在设计整流电路时都采用倍压电路(可参考第三章内容),如图 4 - 26,微波功率输入端分两路正反分别接一个微波整流二极管实现倍压.

为了寻求高性能的微波整流二极管,当时我们调研了国内外微波二极管,也详细询问了上海冶金所半导体实验室设计专用的高性能微波整流二极管的可行性,最终选择了 HP 公司的 HSMS - 8202,它内部单个二极管的饱和功率为 75 mW,其结构图已在第三章详细说明了.由于所选的微波二极管整流性能有限,要提高输出功率电平,就要求有多个整流电路来共同分担功率电平,这就是必增大整流电路的尺寸,这又受到管道内径的制约.我们采用的准八木天线虽然解决了此问题,不过整流天线尺寸过大,其重量是必会增加微机器人的牵引力,即机器人所需的功率电平同时也增大.为此我们仅对准八木整流天线做了初步的研究实验,采用了一路输出整流电路.

在进行设计管道探测微机器人微波供能系统这个项目时,我们还没有能力对二极管做大信号非线性特性的测试实验,所以要得到微波二极管大信号下准确的输入阻抗是比较困难的,我们用电路仿真软件 Harmonic 对 HSMS - 8202 单个二极管(内部包括两个二极

管)进行了仿真,得到其在输入功率为 100 mW,直流负载为 300 Ω 时的输入阻抗为 52—j57,我们对利用此二极管输入阻抗设计的整流电路和准八木整流天线进行了测试. 在输入微波功率为 288 mW,整流电阻为 300 Ω 时,整流电路测得最大输出功率 136.5 mW,整流效率 $\eta =$ 136.5/288＝47.4%,在此条件下测得准八木整流天线的最大输出功率是 74.8 mW,微波到直流的转换效率 η 为 26%,整流效率不是很高.

对圆极化微带天线,我们设计了如图 4-27 所示的整流电路,功分器为一分四路,电容 C 为滤波电容,滤除微波高次谐波分量. 图 4-28 是滤波器与功分器组成的阻抗匹配电路的 S 参数仿真曲线,滤波器输入端的端口阻抗设置为 50 Ω,功分器输出端每个端口阻抗设置为二极管输入阻抗的共轭复阻抗,即 52+j57 Ω. 在测量过程中不断调整电容 C 在微带线上的位置可以进一步抵消肖特基二极管的输入电抗,以实现更好的匹配. 图 4-29 是整流电路的整流效率随输入功率变化的实验测量曲线,直流负载为微机器人—电机,电阻约为 300 Ω,由图中可以看出随着输入功率的增大,整流电路的整流效率一直在不断增大,但由于二极管耐压能力所限,所以输入功率不能太高(四个整流电路总的饱和功率为 75 mW×4＝300 mW). 图 4-30 是输入功率为 280 mW 时直流负载与整流效率的关系曲线,从图中可看出在 300 Ω 附近整流效率最大,为 45.4%. 最后整流电路接入圆极化微带天线后测得整个整流天线的输出功率是 86.8 mW(输入功率为 280 mW,直流负载为 300 Ω),此时电机能够正常工作,整流天线的整流效率为 31%.

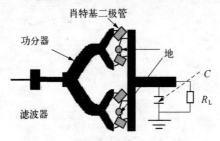

图 4-27　一分四路倍压整流电路

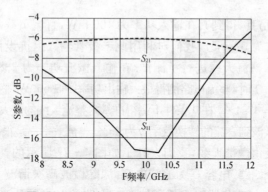

图 4 - 28   阻抗匹配网络的 S 参数仿真曲线

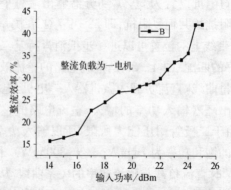

图 4 - 29   输入功率与整流效率的关系曲线

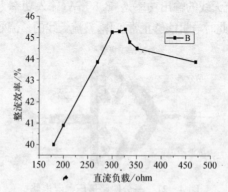

图 4 - 30   直流负载与整流效率的关系曲线

4.5　小结

本章结合微波输能技术的理论为不锈钢管道无缆探测微机器人建立了一套微波供能系统,它包括不锈钢管道微波激励装置和管道内微波能量接收装置(整流天线).在微波源激励装置设计中,我们较好地解决了微波耦合进不锈钢管道和微波在不锈钢管道传输过程中的极化旋转以及能量传输的稳定性问题,实验测得工业用不锈钢管道的传输损耗为 1.3 dB/m,与计算结果 1.1 dB/m 比较吻合,表明此微波源激励装置可用于向管道内微机器人提供微波能源.在整流天线的设计中,针对管道内微波接收装置的特点(一是解决整流电路的尺寸受管道内径的制约,二是解决微机器人旋转作业时造成的微波极化方向失配),我们分别设计了管道内准八木天线和微带圆极化贴片天线,利用仿真优化软件和时域有限差分法进行计算,最终两天线的测量结果都比较令人满意;整流电路设计中我们采用了倍压电路,充分发挥了 HP HSMS‐8202 二极管的性能,最终测得整个整流天线的效率大约在 30% 左右,整流效率不是很高,不过输出的直流功率达到了所测试的微机器人驱动电机正常工作所需的功率.

我们课题组在接手此项目时,对微波输能技术还是一无所知,可以说是新手上路,当时国内也没有对此技术进行相关研究的资料报道,只有几篇综述性文章,对整个整流天线的设计开始是无从下手,更没有条件做第三章中的二极管大信号特性实验测试,不能得到准确的二极管的大信号输入阻抗.又由于所能选购得到的微波整流二极管的性能所限(反向击穿电压为 4 V,饱和功率为 75 mW),最终设计的微波整流天线整流转换效率不是很高.经过近两年我们对整流天线技术的研究积累,尤其是现在已能够测量二极管的大信号特性参数,这为我们以后提高管道微机器人整流天线的整流转换效率打下了坚实的基础.若有机会再进一步研究此课题,我们有能力更好地解决其能量供给问题.

第五章　自由空间中整流天线单元及阵列的设计

5.1　引言

　　整流天线技术发展至今已近四十年了,在这科技发展摩尔定律的时代,四十年的时间能出现许多科技奇迹.我们国家在微波输能研究领域还是空白,要想追赶国外先进科技,实现自主创新,必须好好地总结国外研究的发展经验,认清其未来的发展趋势. 20 世纪 60 年代,美国雷声公司(Raytheon Company)最早提出了微波到直流转换的整流天线(rectenna)的概念,并研制出了第一个整流天线,此整流天线工作在 2. 45 GHz 包括一个半波振子天线和一个二极管.随后的十几年整流天线的转换效率不断被提高,最高的转换效率是由雷声公司 Bill Brown 在 1977 完成的,此整流天线由一个条状的铝质偶极子天线和一个肖特基势垒二极管构成,在 2. 45 GHz 输入功率为 8 W 的条件下得到了 90. 5% 的转换效率[133]. 在此基础上 Bill Brown 与 Triner 等人又改进了整流天线中的接收天线,采用了重量轻、体积小的印刷偶极子天线作为接收天线,其最终测得的整流转换效率达到了 85%[134]. 为了进一步减小整流天线的尺寸,可以采用更高的工作频段,根据微波在大气中传输的衰减窗口,1991 年,一个工作在 35 GHz整流转换效率达 72% 的整流天线被研制成功[135],1992 年美国得克萨斯 A&M 大学的 Chang Kai 教授设计了两个分别工作在 10 GHz 和 35 GHz 的整流天线[114],鉴于高频段的微波器件非常昂贵,1992 年加拿大设计了一个工作在 C 波段 5. 87 GHz 的整流天线[136],1998 年 McSpadden、Chang Kai 等人利用印刷偶极子天线设计出了

5.8 GHz 转换效率为 82％的整流天线[137]，这是到目前为止在此频率上转换效率最高的整流天线.

为了输出更多的直流功率，研究人员也开发了相应频段的整流天线阵，比较具有代表性的是 1975 年美国喷气推进国家实验室(Jet Propulsion Laboratory)设计的 2.45 GHz 的整流天线阵，测得的转换效率达到了 54％[138]；1998 年日本测试了一个 2.45 GHz，尺寸为 3.2 m×3.6 m 的大型整流天线阵，最终测得了 64％的整流转换效率[7]；2000 年美国喷气推进国家实验室又推出了一个工作于 8.51 GHz转换效率为 52％，输出 50 V 电压的双极化整流天线[65]. 由于单极化整流天线对微波源发射天线的极化指向方向要求比较高，所以近年来极化方向灵活的圆极化、正交垂直极化以及双频双极化的整流天线成为整流天线发展的一个亮点[139~145].

本章内容就是我们在总结国外整流天线研究经验的基础上，结合我们前面所作的工作管道探测微机器人微波供能系统和微波二极管大信号特性测量，设计了工作在 10 GHz 的自由空间整流天线单元和四单元的整流天线阵列，并在微波暗室中完成了实验测量，经过对整流天线反复的调试，最终的测试结果证明了我们所设计的圆极化整流天线的圆极化性能和微波-直流的整流转换性能都达到了国外研究的同等水平. 接收天线采用了新颖的口径耦合圆极化微带贴片天线，整流电路也进行了相应的进一步改进，下面对每一部分分别展开介绍.

5.2 整流天线中口径耦合圆极化微带接收天线的设计

目前为止，整流天线中接收天线的形式主要有单极振子天线、平面印刷偶极子天线、微带天线三种形式. 振子天线由于其结构简单、重量轻、体积小在整流天线中得到广泛的应用[146]，如图 5-1，不过振子天线都是线极化的，要实现圆极化就需要多个单极振子按一定的排列方式组成天线阵，如图 5-2，这无谓的增加了天线的尺寸和结构复杂度;平面印刷偶极子天线体积更小,且易于实现整个整流天线的集成,不过,平面印刷偶极子整流天线中的整流电路和接收天线在同一个平面上[147],如图 5 - 3,相互间的耦合将影响整流天线的转换效率;微带天线由于体积小、重量轻、易集成、且易实现圆极化性能近年来被广泛用作整流天线的接收天线[148],如图 5 - 4、5 - 5 即是两种典型的微带贴片整流天线,都采用微带线馈电以便使贴片天线与整流电路在同一个平面上,微带贴片整流天线很少使用同轴馈电模式,因为一般整流电路都采用微带电路形式,同轴馈电的微带天线与整流电路连接时一般直接采用一段导体焊接,这很难保证相互间的匹配性能.微带天线最大的缺陷就是带宽比较窄,不过由于微波输能多是单频点对点传输,所以这里带宽不是很大的问题.作为整流天线中接收天线的微带天线实现圆极化或正交双极化主要有以下几种结构形式:图 5 - 6、5 - 7 都是采用双馈点的正交垂直极化微带贴片整流天线,区别在于一个采用同轴馈电,一个采用微带线边馈形式;图 5 - 8 是采用微带边馈单馈电点的微带贴片切角圆极化整流天线,这种形式的圆极化天线已在第四章做了介绍;图 5 - 9 是一种比较新颖的整流天线,它每一天线单元由两片微带螺旋贴片组成,可实现任意极化形式(左旋圆极化或者右旋圆极化),天线的带宽也比一般的微带天线形式宽,此外,整流二极管可直接焊接在螺旋贴片天线上,结构显得非常紧凑,很适合做大型的整流天线阵,不过这种天线的增益比较低的,由于二极管焊接在螺旋天线上的位置不太容易确定,比较难实现螺旋天线与整流二极管之间的阻抗匹配,这都将影响整个整流天线的转换效率;图 5 - 10 是一种孔径耦合微带贴片双极化整流天线,这种结构使天线和整流电路处在不同的层面上,中间借助接地板隔开,从而使包括馈电网络在内的整流电路的寄生辐射很弱,天线的交叉极化电平低,辐射方向图比较对称,进而保证了天线的极化性能,同时这种孔径耦合结构还减少了整个整流天线的尺寸,天线与整流电路间的连接不再需要焊接,能很好地实现两者间的阻抗匹配.

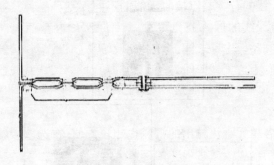

图 5 - 1　偶极振子整流天线

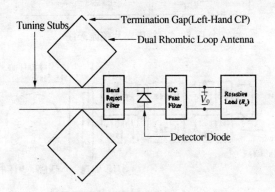

图 5 - 2　双菱环状圆极化整流天线

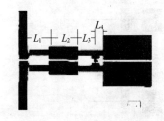

图 5 - 3　平面印刷偶极子整流天线

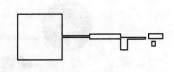

图 5 - 4　微带贴片整流天线

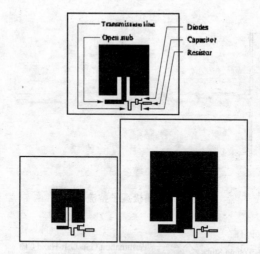

图 5-5 微带贴片整流天线

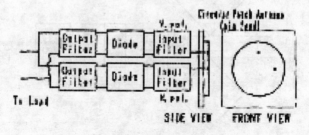

图 5-6 双极化微带贴片整流天线

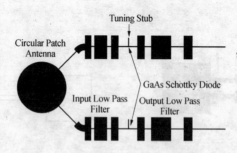

图 5-7 双极化圆形微带贴片整流天线

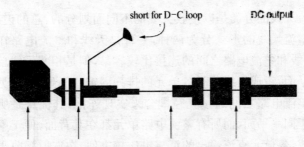

图 5 - 8　圆极化微带贴片整流天线

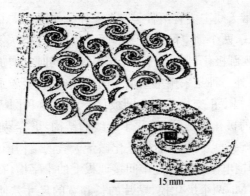

图 5 - 9　圆极化微带螺旋整流天线

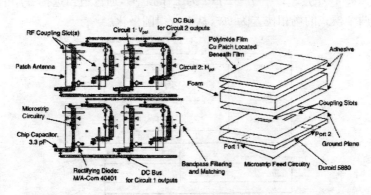

图 5 - 10　孔径耦合双极化微带整流天线

　　整流天线的分类是以接收天线的不同而划分的,总的说来,我们可以将整流天线的形式分为两种,一种是天线和整流电路在同一平面内,天线和整流电路之间的连接比较容易,但是相邻天线单元就不在同一平面,组成天线阵时各单元的排列固定就遇到困难.另一种是天线与整流电路之间通过孔径耦合来实现连接,其优点是所有天线单元位于同一平面,而所有整流电路单元都在其背面,便于整流天线阵的集成,各单元直流输出的汇流也比较方便.在选取接收天线的形式上,我们结合以上各种形式的接收天线,选用了一种新颖的单馈电点孔径耦合圆极化微带天线作为整流天线的接收天线.目前,口径耦合圆极化微带天线主要有两种类型:一种是如图 5-10 所示采用双馈电点的形式,两个馈电网络激励起两个相位相差 90°等幅的极化简并模从而实现圆极化[149],不过两个馈电网络同时也增加了匹配电路的复杂度;另外一种是采用单馈电点的形式,它直接激励起两个相位相差 90°的等幅度正交模式实现圆极化[150, 151],这种圆极化天线形式不需要附加的极化合成器,简化了天线的结构,更容易组成阵列.图 5-11 即是单馈电点孔径耦合圆极化微带天线的结构图,上层是微带贴片,底层的馈电微带线经过中间接地板上的十字槽,在贴片上激励起 TM_{01} 和 TM_{10} 两个极化模,贴片的长和宽的尺寸差使得两个模的谐振频率为 $f+\Delta f$ 和 $f-\Delta f$(f 为工作频率),通过适当选择 Δf 可以使两个模式的场相位差为 90°,从而获得圆极化.

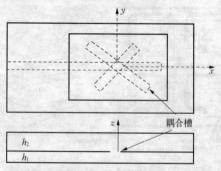

图 5-11　单馈电点孔径耦合圆极化微带天线

不同的对角线上微带线馈电可得到不同的圆极化旋向,图 5-12 所示的馈电方式可以得到左旋圆极化,如果将馈线旋转 90°馈电,便可以得到右旋圆极化. 为了更好地了解此孔径耦合微带天线的结构性能,我们利用 Ansoft Ensemble 电磁仿真软件对改变孔径的尺寸而影响天线的性能进行了仿真. 天线的尺寸为: $a = 7.5$ mm, $b = 7.1$ mm,缝隙长 $Ls = 4.3$ mm,缝隙宽 $Ws = 0.6$ mm,调谐短截线长度 $Los = 2.5$ mm,两层介质厚度分别为 $h_1 = 0.8$ mm, $h_2 = 0.8$ mm,介质的相对介电常数为 2.75. 图 5-13、5-14 和 5-15 分别是改变 Ls、Ws 和 Los 的尺寸而影响天线输入阻抗实部和虚部的变化曲线,从这三个图可以看出,随着增大 Ls、Ws 和 Los 的尺寸,天线输入阻抗的实部和虚部也都逐渐增大,可以这么认为,增大 Ls、Ws 相当于串联一个电阻;增大 Los 相当于串联一个电感. 总之,天线输入阻抗的实部可以通过改变口径尺寸 Ls、Ws 来调节,天线输入阻抗的虚部可以通过改变调谐短截线 Los 来调节. 所以在设计此天线时可以先通过腔模理论确定天线的初始尺寸,再反复调节贴片尺寸、口径尺寸以及调谐短截线长度使天线在某一频率范围内即能实现良好的圆极化,又实现良好的阻抗匹配.

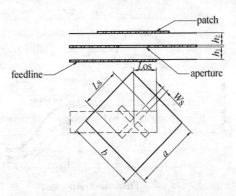

图 5-12 单馈电点孔径耦合左旋圆极化微带整流天线

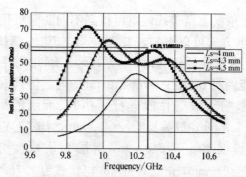

图 5－13　孔径耦合贴片天线输入阻抗实部随 *Ls* 的变化曲线

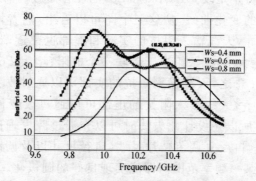

图 5－14　孔径耦合贴片天线输入阻抗实部随 *Ws* 的变化曲线

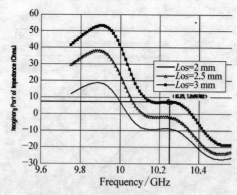

图 5－15　孔径耦合贴片天线输入阻抗虚部随 *Los* 的变化曲线

5.2.1 孔径耦合圆极化微带贴片天线单元的设计

我们利用 Ensemble 仿真软件设计优化了一个孔径耦合圆极化微带贴片天线单元,天线的最终尺寸参数为:$a = 7.54 \text{ mm}$, $b = 7.16 \text{ mm}$,缝隙长 $Ls = 4.3 \text{ mm}$,缝隙宽 $Ws = 0.6 \text{ mm}$,调谐短截线 $Los = 2.5 \text{ mm}$,两层介质厚度分别为 $h_1 = 0.8 \text{ mm}$, $h_2 = 0.8 \text{ mm}$,介质的相对介电常数为 2.75. 图 5-16 是天线回波损耗 S_{11} 的仿真计算值与测试的 S_{11} 曲线,可见两者比较吻合,只是频率发生了偏移;图 5-17、5-18 是天线仿真与测量的 Smith 圆图,仿真曲线在圆图 10 GHz 匹配点附近有凹陷,说明在此频率点两个激励简并模式的存在,表现出了圆极化特性,测试曲线的圆极化凹陷点偏移到了 10.25 GHz 处,与仿真的结果频率偏移了 250 MHz,这在设计天线过程中是很正常的情况. 每一种电磁仿真软件在设计不同的器件时,由于器件的复杂度不一样导致仿真结果与实际测试结果的误差不太有规律,这需要我们在设计过程中多总结经验,掌握其一定的规律. 如今各种商用的电磁仿真软件,各有各的缺点,例如我们所用的 Ansoft 电磁仿真软件就不适合仿真电大尺寸的器件,不过只要我们对一种软件熟练运用,掌握一些设计经验规律,完全能够设计出我们所需要的器件.

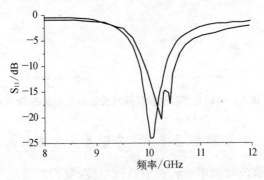

图 5-16 孔径耦合圆极化微带贴片天线单元仿真与测量的 S_{11} 对比曲线

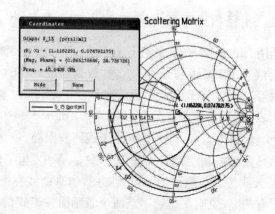

图 5 - 17   孔径耦合圆极化微带贴片天线单元仿真的 Smith 导纳圆图

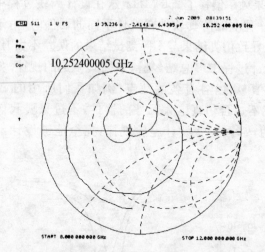

图 5 - 18   孔径耦合圆极化微带贴片天线单元测量的 Smith 圆图

5.2.2   孔径耦合圆极化微带贴片天线阵列的设计

为了将微波能更多地转换成直流电能,我们对整流天线阵列做了初步的研究,选取四元阵为研究对象,更大的阵列可以在四元阵的基础上加以组装. 一般在设计天线阵时, 阵列中相邻天线单元的间距在 0.7λ 左右, 而对整流天线阵列来说, 多数情况都是一个接收天线连接一个整流电路, 所以每一个整流天线单元是相互独立的, 在天线馈线上没有相互影响, 所以单元间的间距可以减小尺寸, 我们在频率 10 GHz设计了间距为 0.49 个波长的四单元接收天线阵列, 如图 5-19 所示, 天线四周四个圆孔为孔隙耦合天线的定位孔, 用塑料螺丝固定. 图 5-20、5-21 分别为阵列的仿真曲线 S_{11} 和阻抗圆图, 从图中可见, 四单元阵列的 S_{11} 和圆极化频点特性与天线单元仿真的相差不大, 最佳频点向上偏移了近 100 MHz, 图 5-22、5-23 是网络分析仪测量的 S_{11} 和阻抗圆图曲线, 可见实

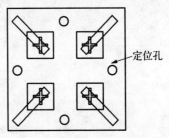

定位孔

图 5-19 四单元接收天线阵

际测量最佳谐振频点及圆极化点偏至 10.46 GHz 附近, 这说明 Ensemble仿真软件在设计复杂结构的天线时计算偏差有时还是挺大的. 图 5-24、5-25 是此阵列在微波暗室中测量的轴比和方向图, 可以看出此四单元阵的圆极化带宽比较窄, 天线的增益测量值如表 5-1, 在 10.1~10.3 GHz 之间天线是线极化的, 而在 10.4~10.5 GHz 之间天线是圆极化的, 圆极化点的增益要比线极化点的增益大 3 dB.

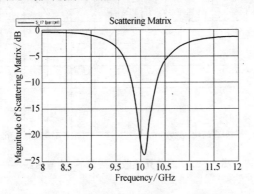

图 5-20 四单元接收天线阵 S_{11} 仿真曲线

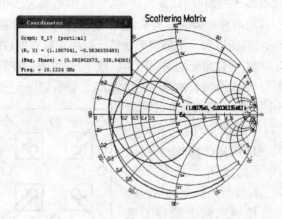

图 5 - 21   四单元接收天线阵阻抗圆图

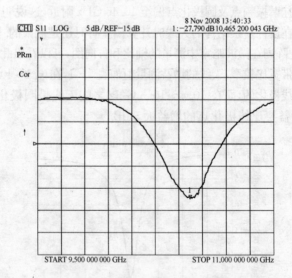

图 5 - 22   四单元接收天线阵 S_{11} 测量曲线

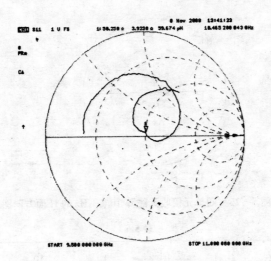

图 5 - 23　四单元接收天线阵阻抗圆图测量曲线

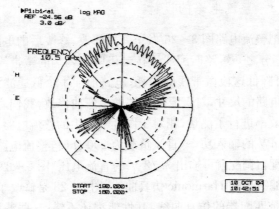

图 5 - 24　四单元接收天线阵 10.5 GHz 的轴比测量曲线

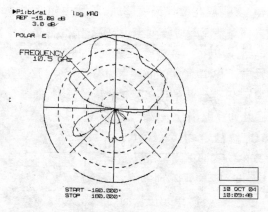

图 5-25　四单元接收天线阵 10.5 GHz 的 H 面方向图

表 5-1

频率/GHz	10.1	10.2	10.3	10.4	10.5
增益/dB	3.85	3.9	4	7.1	7

5.2.3　整流电路的设计

　　我们把整流电路图 3-26 做了一些修改,修改后的电路如图 5-26 所示,四分之一短路匹配线连接二极管输入端的微带线增加了宽度,这样可降低这段微带线的损耗;电路前加了个低通滤波器,为了缩小整流电路的尺寸,对直流输出端做了弯曲修改,我们对此整流电路的整流效率进行了测量,相对于图 3-26 中的整流电路,此整流电路在 100 mW 的输入功率,直流负载为 200 Ω 时,整流电路不需要用双支节调配器调配就可输出 3.72 V 的直流电压.图 5-27 是整流电路中低通滤波器的 Harmonic 仿真曲线,图 5-28 是修改了的四分之一短路阻抗匹配器的仿真曲线,其性能都还不错.这些滤波器,功分器等简单微带电路,利用 Harmonic 仿真优化设计还是比较准确的,这在我们多次的设计过程中得到了验证.图 5-29 是最终确定的整流天线单元和两个 2×2 的整流天线阵列的电路图.

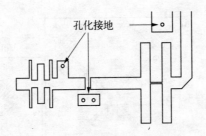

图 5 - 26　修改后的整流电路

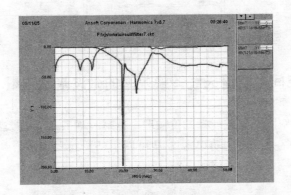

图 5 - 27　低通滤波器的仿真曲线

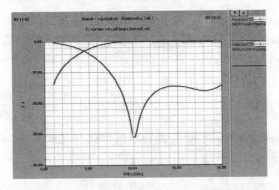

图 5 - 28　修改后的四分之一短路匹配器的仿真曲线

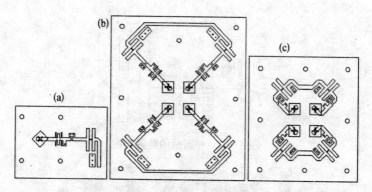

图 5-29　整流天线单元与阵列

5.3　空间中整流天线转换效率的微波暗室测量

自由空间中微波能量的传输理论见第一章 1.3.1，在发射天线的辐射远场区某一点的功率密度 P 可以用(5-1)式表示，接收天线接收到的功率可以表示成(5-2)式，

$$P = \frac{P_t G_t}{4\pi D^2} \tag{5-1}$$

$$P_r = A_r \cdot P \tag{5-2}$$

P_t 和 G_t 分别表示发射天线的辐射功率和增益，A_r 表示接收天线的有效口径面积，

$$A_r = G_r \cdot \frac{\lambda^2}{4\pi} \tag{5-3}$$

对于整流天线的微波-直流转换效率我们可定义为（P_{DC} 为整流天线的直流输出功率）：

$$\eta = \frac{P_{DC}}{P_r} \tag{5-4}$$

　　在微波暗室里测试整流天线时,整流天线必须放在远场区,而要使整流天线能接收到最大的功率,必须把整流天线放置在喇叭天线远场区的最近距离. 对标准喇叭天线而言,其最近的远场距离(离喇叭天线辐射口径出轴心的距离)可以用工程近似公式(5-5)来表示:

$$D = \frac{2a^2}{\lambda} \qquad\qquad (5-5)$$

其中, a 代表喇叭天线口径的长边长.

　　在微波暗室中测量整流天线转换效率的测试设备连接如图5-30所示,微波扫频源信号经功率放大器放到后,由标准增益喇叭天线将微波大功率信号辐射到微波暗室中放置的整流天线上,整流天线被一个塑料支撑杆放置到喇叭天线的最近辐射远场距离的轴心线上;为了监视喇叭天线输入端的功率,在功率放大器与喇叭天线间接入了一个20 dB的定向耦合器. 实验用的发射标准增益喇叭天线的尺寸是:长×宽×高 = 8 cm×8 cm×12.4 cm,所以利用(5-5)式可以算得喇叭天线的最近辐射远场距离为 42 cm,喇叭天线的增益为16.6 dB,实验测得喇叭输入端的最大输入功率为8.1 W(功率放大器没有工作在我们所需要的最大工作状态),所以整流天线处的微波功率密度利用公式(5-1)可以算得,为 16.7 mW/cm².

　　图5-29中整流天线的有效口径面积利用式(5-3),计算得2.86 cm²,每个整流单元所能接收到的功率 P_r 为 16.7 × 2.86 = 47.76 mW,这与我们所要求的要供给每个整流天线单元 100 mW 的功率相差很大,因为第三章中对 HP-HSMS-8202 二极管的大信号测试表明,二极管在 100 mW 的输入功率时 RF-DC 的整流效率最高,所以在这样的输入功率电平下整流天线将不能达到最高的整流转换效率,故最终整流天线输出端的电压将非常低. 我们对图5-29中的三个整流天线进行了测量,测量时要把整流天线的位置进行定标,使整流天线与喇叭天线的辐射口径面平行,实验最终测得的整流天线直流最大输出电压还不到 1 V. 图5-30中我们所用的功率放大器频率范围为:9.75~10.25 GHz,所设计的整流天线阵的圆

极化频点不在此范围,所以最终测得的整流天线阵没有圆极化特性.

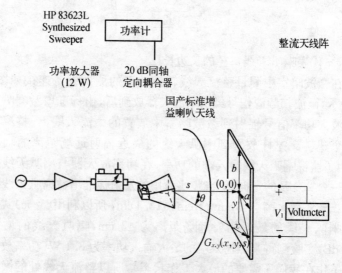

图 5 - 30 微波暗室测量整流天线转换效率框图

鉴于功率放大器的价格比较昂贵,对我们项目来说再更换更大增益的功放不太现实,故为了使整流天线的整流电路能接收到 $100\ \mathrm{mW}$ 的功率,为了使整流天线的圆极化特性在功率放大器的频率范围之内,我们又对整个整流天线单元和阵列进行了相应的改进.首先我们对孔径耦合微带天线单元的谐振频点进行了调整,由于仿真结果与天线实际测量有比较大的误差,我们仿真加工测试了四个不同频点的天线单元,分别是 $9.4\ \mathrm{GHz}$、$9.6\ \mathrm{GHz}$、$9.8\ \mathrm{GHz}$、$10\ \mathrm{GHz}$,最终测试的 S_{11} 曲线如图 5 - 31 所示,可见第三个天线单元测试结果比较不错;其实际尺寸为:$a = 7.86\ \mathrm{mm}$, $b = 7.5\ \mathrm{mm}$,缝隙长 $Ls = 4.4\ \mathrm{mm}$,缝隙宽 $Ws = 0.6\ \mathrm{mm}$,调谐短截线 $Los = 2.5\ \mathrm{mm}$. 我们利用此天线单元设计了一个 2×2 的四单元天线阵,如图 5-32,天线阵相邻单元间距为 0.7λ,图 5-33 是 Ensemble 仿真曲线,图 5-34、5-35 是实际测量曲线,从图中可看出,此天线阵的带宽比较宽,在 10 GHz 附近回波损耗也比较不错,单从测量的阻抗圆图上可以看出其圆极化频点在9.47 GHz 附近,在 10 GHz 左右圆极化性能还是不能满足我们的要求. 在前面已经提到此类孔径耦合天线贴片的尺寸是影响天线圆极化性能的主要因素,所以在对图 5-32 所示的接收天线阵在实验调试的基础上,我们修改了贴片的尺寸,最终将天线的圆极化频点提高到了我们所需要的频段范围内. 最终确定的天线阵尺寸为:对每一个天线单元有 $a = 7.54$ mm, $b = 7.16$ mm,缝隙长 $Ls = 4.3$ mm,缝隙宽 $Ws = 0.6$ mm,调谐短截线 $Los = 2.5$ mm,相邻天线单元的间距为 0.7λ. 图 5-36、5-37 是测量的 S_{11} 和阻抗圆图曲线,从这两个图可以看出,在 9.95 GHz 左右,该天线阵的回波损耗和圆极化性能都比较好,这个频率已在我们的功率放大器的频率范围之内了(9.75~10.25 GHz).

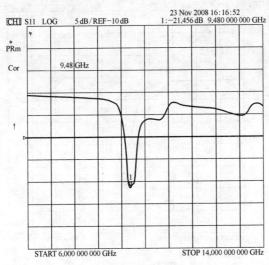

(a) 孔径耦合微带天线单元 1 号

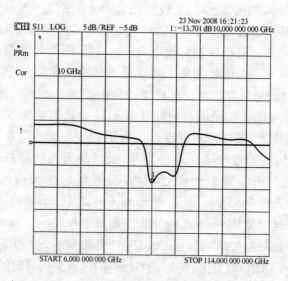

（b）孔径耦合微带天线单元 2 号

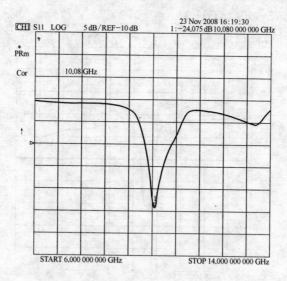

（c）孔径耦合微带天线单元 3 号

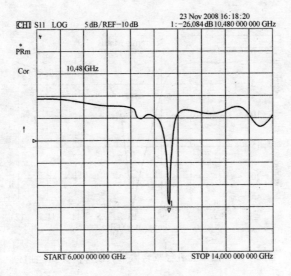

（d）孔径耦合微带天线单元 4 号

图 5-31　四个孔径耦合微带天线单元的 S_{11} 测量曲线

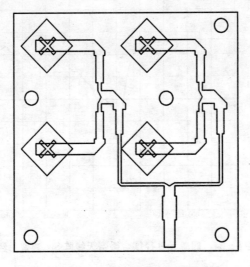

图 5-32　四单元孔径耦合微带天线阵

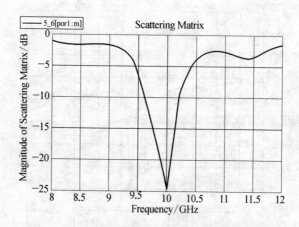

图 5 - 33   四单元孔径耦合微带天线阵仿真 S_{11} 曲线

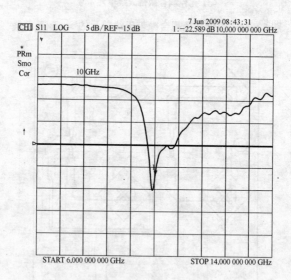

图 5 - 34   四单元孔径耦合微带天线阵 S_{11} 测量曲线

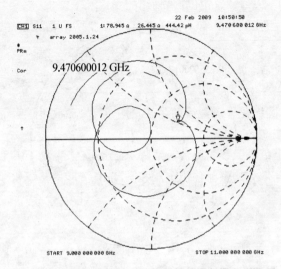

图 5 - 35　四单元孔径耦合微带天线阵测量阻抗圆图

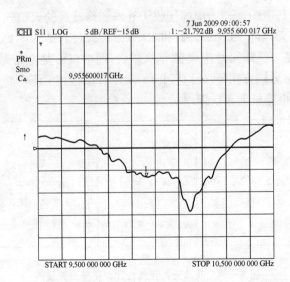

图 5 - 36　修改后的四单元孔径耦合微带天线阵 S_{11} 测量曲线

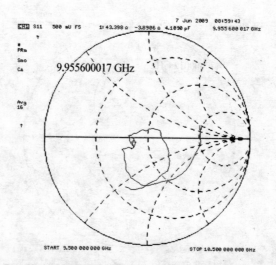

图 5 - 37　修改后的四单元孔径耦合微带天线阵阻抗圆图测量曲线

我们利用图 5 - 32 中的接收天线阵和修改后的天线阵分别做了一个整流天线阵 Rectenna-1 和 Rectenna-2,它们结构图如图 5 - 38 所示,只是天线阵尺寸上稍微有些差别. 图中,(a)是微带贴片天线,(b)是十字形耦合孔径,(c)是四合一功率合成器和整流电路,(b)、(c)是同一块电路板的正反面.

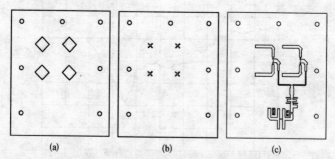

图 5 - 38　四单元孔径耦合圆极化整流天线阵

我们对上述两个整流天线阵的整流转换效率在微波暗室中进行

了测量,整流天线的直流负载均为 200 Ω. 表 5-2 是对 Rectenna-1 测量的在不同频率下的直流输出电压;为检验整流天线的圆极化特性,我们使发射信号的极化旋转 0°,30°,45°,60°,90°,120°,135°,150°和 180°,表 5-3 即是 Rectenna-1 在 9.95 GHz 发射信号喇叭天线旋转不同角度时的直流输出电压,Rectenna-1 其他频点的圆极化特性也都不理想. Rectenna-1 的接收天线阵的增益为 9.2 dB,利用公式(5-3)可算得在 9.95 GHz 时其有效面积 A_r 为 6 cm^2,所以此整流天线阵的输入功率为 $16.7 \times 6 = 100.2$ mW,利用(5-4)式,我们得到了 Rectenna-1 在不同频率下的最大整流效率,如表 5-2 中所示.

表 5-2

频率/GHz	10.1	10	9.95	9.9	9.8
整流输出/V	2	3.3	3.57	3.36	2.62
转换效率/%	19.9	54.3	63.6	56.3	34.2

表 5-3

极化角/(°)	0	30	45	60	90	120	135	150	180
整流输出/V	3.57	3.46	3.36	2.6	1.44	2.2	3.23	3.45	3.51
转换效率/%	63.6	59.7	56.3	34	10.2	24	52	59.3	61.5

对 Rectenna-2,我们也进行了同样的测量,Rectenna-2 中接收天线阵的增益是 9.1 dB,经计算其输入功率为 100 mW;表 5-4 是 Rectenna-2 在 9.86 GHz 当发射信号喇叭天线相对于整流天线极化旋转 0°,30°,45°,60°,90°,120°,135°,150°和 180°时整流天线的直流输出电压.

表 5-4 Rectenna-2 的极化特性

极化角/(°)	0	30	45	60	90	120	135	150	180
整流输出/V	2.94	3.15	3.41	3.44	3.30	2.91	2.90	2.90	3.15

我们这里利用输出电压来定义圆极化整流天线的轴比,则在

9.80～9.94 GHz频率范围内,轴比的变化示于表 5 - 5.

表 5 - 5

频率/GHz	9.80	9.82	9.84	9.86	9.88	9.90	9.92	9.94
轴比/dB	1.79	1.49	1.17	0.73	0.93	1.27	1.55	1.90

可见,圆极化整流天线的 2 dB轴比带宽为 140 MHz,最佳圆极化特性出现在 9.86 GHz.

当固定喇叭天线与整流天线阵 Rectenna-2 的极化角在 90°时,我们得到了其最大的整流输出电压和微波-直流能量转换效率的频率特性示于表 5 - 6.

表 5 - 6

频率/GHz	9.84	9.86	9.88	9.90	9.92	9.94	9.96	9.98	10.0
整流输出/V	3.07	3.30	3.44	3.47	3.54	3.70	3.85	3.86	3.82
转换效率/%	47.1	54.5	59.2	60.2	62.7	68.5	74.1	74.5	73.0

由表 5 - 6 可以看出,最大转换效率出现在 9.98 GHz,而最佳圆极化出现在 9.86 GHz,两者虽不太重合,但可在最大转换效率和最佳圆极化之间适当选取合适的工作频率.

对于两个整流天线阵,我们测得最大的微波-直流的转换效率为 74.5%,目前,日本最高转换效率为 71.8%,美国最高转换效率为 82%. 我们具体分析了与美国差距的原因,认为这是由于所用的微波二极管的性能差异造成的. 二极管的结电容 C_j 与结电阻 R_j 并联,起检波作用的是非线性电阻 R_j,C_j 对信号电流起分流作用,因此结电容使其检波性能下降,为获得高的检波效率,应采用 C_j 小的检波二极管. 受条件限制,我们用得是 HP8202 二极管,它的 $C_j = 0.13$ pF,而美国人用得是 MA4E1317,它的 $C_j = 0.045$ pF,可见其性能要优越得多,因此我们在转换效率上与美国的差距不是设计技术方面的原因,而是元器件性能的差异造成的. 附录图 11、12 分别是所测量的整流天线阵的正面和背面照片,附录图 13、14 是在微波暗室中测量的整流天线阵照片.

5.4　小结

　　本章主要对自由空间中的整流天线单元和阵列进行了研究,我们在总结了国内外对整流天线最新研究的基础上,设计了孔径耦合圆极化微带整流天线单元和阵列,最终设计的整流天线阵列在 9.8～9.94 GHz 频段内测得了比较好的圆极化特性,最大的微波-直流能量的转换效率为 74.5%,达到了当前的国际水平. 这同时也表明:(1) 二极管大信号特性的准确测量是提高转换效率的保证,因此,高的转换效率是二极管大信号特性测量准确性高的证据. 这说明我们建立的基于 Agilent 8722 ES (opt085)网络分析仪的测量装置和制作的 TRL 校准件是十分有效的,该项技术可用于微波 SMT 器件的大信号特性测量.(2) 整流天线的转换效率和圆极化是令人满意的,这说明孔径耦合圆极化微带天线的设计是成功的,可以利用这种天线构成大型整流天线阵.

第六章 结 束 语

整流天线技术是微波输能系统的关键技术,随着人类开发利用空间太阳能-太阳能卫星的进展,以及微波输能在其他领域(如微波输能还可应用于向空间轨道飞行器、孤立岛屿、受灾停电地区、偏僻地区供电以及射频识别(RFID)等)的快速开发应用,整流天线技术已成为微波实际应用领域的又一个研究热点,美国、日本已经多次专门组织关于微波输能技术的专题会议,IEEE 委员会也在 Microwave Magazine 上专门出版了一期关于太阳能卫星和无线输能技术的专刊,可见国外对此技术的研究是多么的重视.

本论文是在国家自然科学基金重点项目(69889501)子项目和国家自然基金项目"中小功率的整流天线技术研究"(6017107)的资助下进行的.我们首先设计了一套比较成功的管道探测无缆微机器人微波供能系统,激励装置较好地解决了微波在不锈钢管道传输过程中的极化旋转以及能量传输的稳定性问题;能量接收装置采用圆极化微带整流天线,解决了微机器人在管道内旋转作业时造成的微波极化方向失配问题,由于在研究初期我们还没有办法得到准确的微波整流二极管大信号参数,所以设计的微机器人整流接收天线微波-直流能量转换效率不是很高,不过整流天线输出的直流能量还是能够保证微机器人的驱动电机正常工作.后来经过长时间大量的实验准备,我们建立了一套基于 Agilent 8722ES 矢量网络分析仪及其 085 选件基础上的能够直接测量微波二极管大信号特性参数的测量系统,利用测得的二极管大信号参数,我们对自由空间中的整流天线进行了研究,整流天线采用新颖的孔径耦合圆极化微带贴片天线组成四单元阵列,最终测得整流天线阵的转换效率为 74%,并且其圆极化性能也非常不错,74%的转换效率达到了当前国际整流天线研究的先进水平,说明了我们对微波二极管的大信号测量是非常准确有效的,这一研究填补了国内空白,为我国以后进行微波输能技术研究打下了坚实的基础.

当然,我们对整流天线技术的研究还要好多方面的工作有待完善,比如对整个整流天线的理论计算,现在利用 FDTD 对微波有源无源电路进行计算是当前的一个研究热点,利用 FDTD 完全可以对整个整流天线进行准确的全波电磁仿真,实现场与路的结合,这是以后很值得研究的工作内容;其次,我们所设计的 2×2 整流天线阵列,以后若要组成更大的阵列,还需要进一步缩小微带天线阵和整流电路的面积,在不降低整流转换效率的基础上如何再减小整流天线的尺寸也是一个重要的研究内容;此外,选择性能优越的微波整流二极管或者研究专门用于微波整流的二极管在今后也是一个比较有意义的工作. 总之,整流天线技术是一个拥有广阔应用前景的技术,它未来的研究工作会更加复杂也将更有现实意义.

附　录

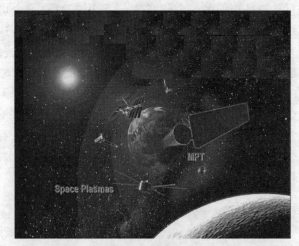

附图 1　空间太阳能卫星

附图 2　空间太阳能卫星

附图 3　空间太阳能卫星地面接收整流天线阵

附图 4　日本设计的空间太阳能卫星系统中的
太阳能电池与整流天线阵

附图 5　Brown 微波驱动直升机实验

1992

MILAX Microwave Airplane
Experiment

附图 6　日本进行微波驱动飞机实验

附图 7　美国 JPL 实验室进行的两地间微波输能实验

附图 8　日本设计的用于两地间微
　　　　波输能的大型整流天线阵

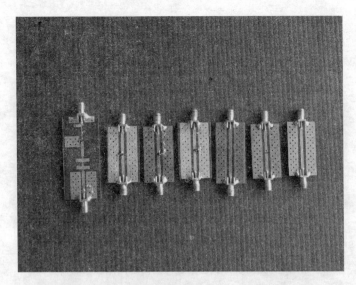

附图 9　我们设计的 TRL 校准件及二极管整流电路

附图 10　微波二极管整流效率测试

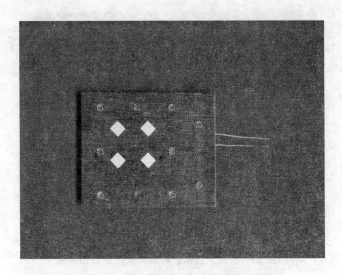

附图 11　我们设计的整流天线阵正面

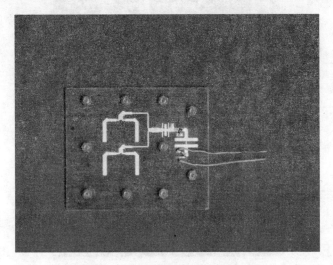

附图 12　我们设计的整流天线阵背面

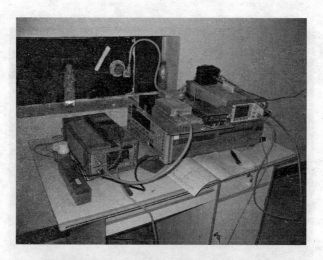

附图 13　整流天线微波暗室测试能量输出控制

附图 14　微波暗室整流天线测试

参 考 文 献

1　魏铭炎. 太阳能—21 世纪的主要能源. 家用电器科技，1997；
　　(2)：2 - 4

2　Brown W. C. The history of power transmission by radio
　　waves. *IEEE Trans. Microwave Theory & Tech.*，1984；**32**
　　(9)：1230 - 1242

3　Glaser P. E. An overview of the solar power satellite option.
　　IEEE Trans. Microwave Theory & Tech.，1992；**40**
　　(6)：1230 - 1238

4　Schlesak J.，Alden A.，Ohno T. A microwave powered high
　　altitude platform. *IEEE MTT-S Int. Microwave Symp. Dig*，
　　1998；283 - 286.

5　Kaleja M. M.，Herb A. J.，Rasshofer R. H.，Friedsam G.，
　　Biebl E. M. Imaging RFID system at 24 GHz for object
　　localization. *IEEE MTT-S Int. Microwave Symp. Dig*，1999；
　　4：1497 - 1500

6　Nobuaki K. Experimental wireless micromachine for inspection
　　on inner surface of tubes. *The Sixth International
　　Micromachine Symposium*，2000；141 - 148

7　Shinohara N.，Matsumoto H. Experimental study of large
　　rectenna array for microwave energy transmission. *IEEE
　　Trans. Microwave Theory & Tech.*，1998；**46**(3)：261 - 268

8　Goubau G. Microwave power transmission from an orbiting
　　solar power station. *J. Microwave Power*，1970；**5**(12)：223 -
　　231

9 胡大璋,周兆先. 微波输送电能的新技术. 电子科技导报,1992;
   12: 2 - 4

10 Mcspadden J. O. Design and experiments of a high-conversion-
   efficiency 5. 8GHz rectenna. *IEEE Trans. Microwave Theory
   & Tech.*, 1998; **46**(12): 2053 - 2060.

11 Arndt G. D., Leopold L. Microwave transmission
   characteristics of solar power satellites. *IEEE MTT-S Int.
   Microwave Symp. Dig*, 1978; **78**(6): 273 - 275

12 Nalos E., Rathjen S., Sperber B. Solar power satellite large
   phased array simulation. *Antennas and Propagation Society
   International Symposium*, 1980; **18**(6): 410

13 Marwick E. F. Space mirrors, sails and screens for better
   environments and more useful energy. *IECEC - 89.
   Proceedings of the 24th Intersociety Energy Conversion
   Engineering Conference*, 1989; **5**: 2127 - 2130

14 Brown W. C. Status of the microwave power transmission
   components for the solar power satellite. *IEEE Trans.
   Microwave Theory & Tech.*, 1981; **29**(12): 1319 - 1327

15 Brown W. C. Recent advances in key microwave components
   that impact the design and deployment of the solar power
   satellite system. *Antennas and Propagation Society
   International Symposium*, 1984; **22**(6): 339 - 340

16 Brown W. C. Status of the microwave power transmission
   components for the solar power satellite (SPS). *IEEE MTT-S
   Int. Microwave Symp. Dig.*, 1981; **81**(1): 270 - 272

17 Nansen R. H. Wireless power transmission: the key to solar
   power satellites. *IEEE Aerospace and Electronic Systems
   Magazine*, 1996; **11**(1): 33 - 39

18 Glaser P. E. The satellite solar power station. *G -MTT*

International Microwave Symposium Digest, 1973; **73** (6): 186 – 188

19 Oman H. Solar power satellite: power loss through pinholes into plasma. *IECEC 35th Intersociety Energy Conversion Engineering Conference and Exhibit*, 2000; **1**(7): 470 – 475

20 Glaser P. E. Energy for the global village, *Electrical and Computer Engineering*, 1995; **1**: 1 – 12

21 Garmash V. R., Katsenelenbaum B. Z., Shaposhnikov S. S., Tioulpakov V. N., Vaganov R. B. Some peculiarities of the wave beams in wireless power transmission. *IEEE Aerospace and Electronic Systems Magazine*, 1998; **13**(10): 39 – 41

22 Ray K. P., Delorey D. E., Mullen E. G., Guidice D. A., Marvin D. C., Curtis H. B., Piszczor M. F. Solar cell degradation observed by the advanced photovoltaic and electronics experiments (APEX) satellite. *IEEE Radiation Effects Data Workshop*, 1996; (7): 94 – 101

23 Kruzhilin Y. I. Commercial electric energy from space (1 kW-hr cost $0. 002 – 0. 003) is available in the following decade. *IECEC 96. Proceedings of the 31st Intersociety Energy Conversion Engineering Conference*, 1996; **1**(8): 479 – 484

24 Mankins J. C. A fresh look at space solar power. *IECEC 96. Proceedings of the 31st Intersociety Energy Conversion Engineering Conference*, 1996; **1**(8): 451 – 456

25 Merrill J., Mayberry C. S. Solar thermal power system concepts for high power satellites. *IEEE Aerospace Conference Proceedings*, 2000; **4**: 69 – 74

26 Merrill J., Mayberry C. S. Solar thermal power system concepts for high power satellites. *IEEE Aerospace Conference Proceedings*, 2000;**4**: 69 – 74

27 Choi M. K. Thermal considerations of space solar power concepts with 3. 5 GW RF output. (*IECEC*) *35th Intersociety Energy Conversion Engineering Conference and Exhibit*, 2000; **1**: 565 - 575

28 Dickinson R. M. Magnetron directional amplifier space solar power beamer concept design. (*IECEC*) *35th Intersociety Energy Conversion Engineering Conference and Exhibit*, 2000; **2**: 1469 - 1479

29 Eastlund B. J. , Jenkins L. M. Thunderstorm solar power satellite-key to space solar power. *IEEE Proceedings Aerospace Conference*. 2003; **1**: 451 - 456

30 Hatsuda T. , Ueno K. , Inoue M. Solar power satellite interference assessment. *IEEE Microwave Magazine*, 2002; **3** (12): 65 - 70

31 Matsumoto H. Research on solar power satellites and microwave power transmission in Japan. *IEEE Microwave Magazine*, 2002; **3**(12): 36 - 45

32 Sasaki S. , Tanaka K. , Higuchi K. , Okuizumi N. Engineering research for tethered solar power satellite. *2004 Asia-Pacific 24 -27 Aug Radio Science Conference*, 2004; 607

33 Rodenbeck C. T. , Ming-yi Li, Kai C. A phased-array architecture for retrodirective microwave power transmission from the space solar power satellite. *IEEE MTT-S International Microwave Symposium Digest*, 2004; **3**: 1679 - 1682

34 Osepchuk J. M. How safe are microwaves and solar power from space? *IEEE Microwave Magazine*, 2002; **3**(12): 58 - 64

35 Eastlund B. J. , Jenkins L. M. Mission for planet earth: defining a vision for the space program. *IEEE Aerospace*

Conference, 2004; **1**: 6 - 13

36 Lin J. C. Space solar-power station, wireless power transmission, and biological implications. *IEEE Antennas and Propagation Magazine*, 2001; **43**(10): 166 - 169

37 Mitani T., Shinohara N., Matsumoto H., Aiga M., Kuwahara N. Experimental research on noise reduction of magnetrons for solar power station/satellite. 2004 *Asia-Pacific Radio Science Conference*, 2004; 603 - 606

38 McSpadden J. O., Mankins J. C. Space solar power programs and microwave wireless power transmission technology. *IEEE Microwave Magazine*, 2002; **3**(12): 46 - 57

39 Collins P., Matsuoka H. Low equatorial orbit pilot plant is on the critical path to commercial space-based solar power supply. 2004 *Asia-Pacific Radio Science Conference*, 2004; 618 - 619

40 Nagayama H. SSPS activities in Japan. 2004 *Asia-Pacific Radio Science Conference*, 2004; 615

41 Ishii K. The feasibility of applying SSPS for producing commercial power in Japan. 2004 *Asia-Pacific Radio Science Conference*, 2004; 614

42 Mori M., Saito Y. Summary of studies on space solar power systems of Japan Aerospace Exploration Agency. 2004 *Asia-Pacific Radio Science Conference*, 2004; 608

43 Shinohara N., Matsumoto H. Design of space solar power system (SSPS) with phase and amplitude controlled magnetron. 2004 *Asia-Pacific Radio Science Conference*, 2004; 624 - 626

44 Matsumoto H. Importance of humanospheric science with space solar power system (SSPS). 2004 *Asia-Pacific Radio Science Conference*, 2004; 621 - 623

45 Preble D. Space solar power workshop. *IEEE Proceedings of Aerospace Conference*, 2001; **7**: 3424 - 3427

46 Oodo M. , Tsuji H. , Miura R. , Maruyama M. , Suzuki M. Experiment of IMT - 2000 using stratospheric-flying solar-powered airplane. *IEEE Global Telecommunications Conference*, 2003; **2**: 1152 - 1156

47 Matsumoto H. Space solar power station (SSPS) and microwave power transmission (MPT). *IEEE Wireless Communication Technology Topical Conference*, 2003; 6

48 Gasner S. , Sharmit K. , Stella P. , Craig C. , Mumaw S. The stardust solar array. *Proceedings of 3rd World Photovoltaic Energy Conversion*, 2003; **1**: 646 - 649

49 Maryniak G. E. International activities related to power from space. *IECEC 96*. *Proceedings of the 31st Intersociety Energy Conversion Engineering Conference*, 1996; **1**: 474 - 478

50 Yoichi Kaya. Greetings to 2003 Japan-US joint workshop on SSPS. *Japan-US SPS Workshop*, 2003

51 Hiroshi Matsumoto. Japanese research for a bright and clean energy from space. *Japan-US SPS Workshop*, July 2003

52 Mankins J. C. The promise and the challenge of space solar power. *Japan-US SPS Workshop*, July 2003

53 Brown W. , Mims J. , Heenan N. An experimental microwave-powered helicopter. *IRE International Convention Record*. 1965; **13**: 225 - 235

54 Brown W. C. A microwaver powered, long duration, high altitude platform. *IEEE MTT-S Internationa Microwave Symposium Digest*, 1986; **1**: 507 - 510

55 Alden A. , Ohno T. A power reception and conversion system for remotely-powered vehicles. *ICAP 89*, *Sixth International*

Conference Antennas and Propagation, 1989; **301**: 535 - 538.

56 East T. W. R. A self-steering array for the SHARP microwave-powered aircraft. *IEEE Transactions on Antennas and Propagation*, 1992; **40**(12): 1565 - 1567

57 Fujino Y., Fujita M., Kaya N., Kusaka N., Ogihara N., Kunimi S., Ishii M. A dual polarization patch rectenna for high power application. *IEEE Antennas and Propagation Society International Symposium Digest*, 1996; **3**: 1560 - 1563

58 Jenn D. C. RPVs. Tiny, microwave powered, remotely piloted vehicles. *IEEE Potentials*, 1997; **16**: 20 - 22

59 Jenn D. C., Vitale R. L. Wireless power transfer for a micro remotely piloted vehicle. *IEEE International Symposium on Circuits and Systems*, 1998; **6**: 590 - 593

60 Gutmann R. J., Borrego J. M. Power combining in an array of microwave power rectifiers. *IEEE Transactions on Microwave Theory and Techniques*, 1979; **27**(12): 958 - 968

61 高福文. 微波传输太阳能电能. 北师大学报, 1997; (5): 57 - 58

62 Heikkinen J., Kivikoski M. Low-profile circularly polarized rectifying antenna for wireless power transmission at 5.8 GHz. *IEEE Microwave and Wireless Components Letters*, 2004; **14** (4): 162 - 164

63 Young-Soo Na, Jin-Sub Kim, Yong-Chul Kang, Sang-Gi Byeon, Rha K.-H. Design of a 2.45 GHz passive transponder using printed dipole rectenna for RFID application. *TENCON 2004 2004 IEEE Region 10 Conference*, 2004; C: 547 - 549

64 龚成. 一种新型能量转换装置初探-微波能量转换成直流能量. 电讯技术, 1996; 47 - 48.

65 Epp L. W., Khan A. R., Smith H. K., Smith R. P. A compact dual-polarized 8.51 GHz rectenna for high-voltage (50 V)

actuator applications. *IEEE Transactions on Microwave Theory and Techniques*, 2000; **48**(1): 111 - 120

66 Yoshiyuki F. , Takeo I. , Masaharu F. A driving test of a small dc motor with a rectenna array. *IEICE Trans. Commun.*, 1994;**E77-B**(4): 526 - 528

67 Yoo T. W. , Chang K. 35 GHz integrated circuit rectifying antenna with 33% efficiency. *IEE Electronics Letters*. 1991; **27**(11): 2117

68 Rasshofer R. H. , Biebl E. M. A direction sensitive, integrated, low cost Doppler radar sensor for automotive applications. *IEEE MTT-S International Microwave Symposium Digest*, 1998; **2**: 1055 - 1058

69 Sang- Min Han, Ji-Yong Park, Itoh T. Active integrated antenna based rectenna using the circular sector antenna with harmonic rejection. *IEEE Antennas and Propagation Society Symposium*, 2004; **4**: 3533 - 3536

70 McSpadden J. O. Dickinson R. M. Lu Fan, Kai Chang. A novel oscillating rectenna for wireless microwave power transmission. *IEEE MTT-S International Microwave Symposium Digest*, 1998; **2**: 1161 - 1164

71 Ji-Yong Park, Sang-Min Han, Itoh T. A rectenna design with harmonic-rejecting circular-sector antenna. *Antennas and Wireless Propagation Letters*. 2004; **3**: 52 - 54

72 Yang-Ha Park, Dong-Gi Youn, Kwan-Ho Kim, Young-Chul Rhee. A study on the analysis of rectenna efficiency for wireless power transmission. *TENCON 99*. *Proceedings of the IEEE Region 10 Conference*. 1999; **2**: 1423 - 1426

73 Hagerty J. A. , Popovic Z. An experimental and theoretical characterization of a broadband arbitrarily-polarized rectenna

array. *IEEE MTT-S International Microwave Symposium Digest*, 2001; **3**: 1855 - 1858

74 Shaposhnikov S. S. , Vaganov R. B. , Voitovich N. N. Antenna amplitude distributions for improved wireless power transmission efficiency. *IEEE AFRICON. 6ᵗʰ Africon Conference in Africa*, 2002; **2**: 559 - 562

75 Iounevitch E. O. , Lioubtchenko V. E. Antenna-coupled Schottky diodes for millimeter wave receivers. '98 *Third International Physics and Engineering of Millimeter and Submillimeter Waves Symposium*. 1998; **1**: 152 - 154

76 Smakhtin A. P. , Rybakov V. V. Comparative analysis of wireless systems as alternative to high-voltage power lines for global terrestrial power transmission. *IECEC 96. Proceedings of the 31st Intersociety Energy Conversion Engineering Conference*, 1996; **1**: 485 - 488

77 Bourgasov M. P. , Kvasnikov L. A. , Smakhtin A. P. , Tchuyan R. K. , Tolyarenko N. V. Conception of spacecraft centralized power supply. *IEEE Aerospace and Electronic Systems Magazine*, 1997; **12**: 3 - 7

78 Takayama K. , Hiramatsu S. , Shiho M. CW 100 MW microwave power transfer in space. *Conference Record of the 1991 IEEE Particle Accelerator Accelerator Science and Technology*. 1991; 2625 - 2627

79 Heikkinen J. , Kivikoski M. Dual-band circularly polarized microstrip-fed shorted ring-slot rectenna. Antennas, *IEEE 2003 6th International Symposium Propagation and EM Theory*, 2003: 7 - 10

80 Latyshev L. , Semashko N. Ecological limitation to the energy transfer from outer space to Earth. IECEC 96. Proceedings of

the 31st Intersociety Energy Conversion Engineering Conference. 1996; **3**: 2121 – 2123

81 Corkish R. , Green M. A. , Puzzer T. , Humphrey T. Efficiency of antenna solar collection. *Proceedings of 3rd World Conference on Photovoltaic Energy Conversion*, 2003; **3**: 2682 – 2685

82 Shokalo V. M. , Gretskih D. V. , Rybalko A. M. Efficiency of wireless power transmission system with non-axial arrangement of transmitting and receiving apertures. *IVth International Conference on Antenna Theory and Techniques*. 2003; **2**: 846 – 851

83 Omarov M. A. , Gretskih D. V. , Sukhomlinov D. V. Investigation into receiving-rectifying elements of EHF rectennas. *IVth International Conference on Antenna Theory and Techniques*, 2003; **2**: 842 – 845

84 Matsumoto H. , Shinohara N. New microwave tubes requirements for future SPS. *2003 4th IEEE International Conference* on *Vacuum Electronic*. 2003; 6 – 7

85 Heikkinen J. , Salonen P. , Kivikoski M. Planar rectennas for 2. 45 GHz wireless power transfer. *IEEE Radio and Wireless Conference*, 2000; 63 – 66

86 Hagerty J. A. , Helmbrecht F. B. , McCalpin W. H. , Zane R. , Popovic Z. B. Recycling ambient microwave energy with broad-band rectenna arrays. *IEEE Transactions on Microwave Theory and Techniques*, 2004; **52**(3): 1014 – 1024

87 Strohm K. M. , Buechler J. , Kasper E. SIMMWIC rectennas on high-resistivity silicon and CMOS compatibility. *IEEE Transactions on Microwave Theory and Techniques*, 1998; **46**(5): 669 – 676

88 Esa M., Jasman M. R., Subahir S., Mustafa M. W., Taha F., Hussin F. Simple printed array for microwave power rectenna. *TENCON 2000. Proceedings.* 2000; **2**: 217 - 222

89 Joe J., Chia M. Y. W. Voltage, efficiency calculation and measurement of low power rectenna rectifying circuit. *IEEE International Antennas and Propagation Society Symposium*, 1998; **4**(6): 1854 - 1857

90 Slavova A., Omar A. S. Wideband rectenna for energy recycling. *IEEE International Antennas and Propagation Society Symposium*, 2003; **3**: 954 - 957

91 Ahmed S. S., Yeong T. W., Ahmad H. B. Wireless power transmission and its annexure to the grid system. Generation. *IEE Proceedings on Transmission and Distribution*, 2003; **150**: 195 - 199

92 Katsenelenbaum B. Z. The field on the plane of the receiving antenna in a power transmission line. *Proceedings of the 6th International Seminar/Workshop on Direct and Inverse Problems of Electromagnetic and Acoustic Wave Theory*, 2001; 25 - 28

93 Strassner B., Kai Chang. 5.8-GHz circularly polarized rectifying antenna for wireless microwave power transmission. *IEEE Transactions on Microwave Theory and Techniques*, 2002; **50**(8): 1870 - 1876

94 Pues H. A. Van De Capelle, Accurate transmission line model for the rectangular microstrip antenna. *IEEE Microwaves, Optics and Antennas Proc.*, 1984; **H - 131**(6): 334 - 340

95 Lo Y. T., Solomon D., Richards W. F. Theory and experiment on microstrip antennas. *IEEE Transaction on antennas and Propagation*, 1979; **27**: 137 - 145

96　Newman E. H. , Tulyathan P. Analysis of microstrip antennas using moment methods. *IEEE Transaction on Antennas and Propagation*, 1981; **29**(1): 47 - 53

97　Ozdemir T. , Volakis J. L. Finite element analysis of doubly curved conformal antennas with material overlays. *IEEE AP-S Int. Symp. Dig*, 1996; 134 - 137

98　Yee K. S. Numerical solution of initial boundary value problems involving Maxwelll's equations in isotropic media. *IEEE Transaction on Antennas and Propagation*, 1966; **14**(5): 302 - 307

99　王长清,祝西里.电磁场计算中的时域有限差分法.北京大学出版社,1994

100　高本庆. 时域有限差分法 FDTD method. 国防工业出版社. 1995

101　Mur G. Absorbing Boundary Conditions for the Finite-Difference Approximation of the Time-Domain Electromagnetic Field Equations. *IEEE Trans. EMC*, 1981; **23**(4): 377 - 382

102　Railton C. J. , Daniel E. M. , Paul D. L. , McGreehan J. P. Optimized absorbing boundary conditions for the analysis of planar circuits using the finite difference time domain method. *IEEE Trans. Microwave Theory and Tech.*, 1993; **41**(2): 290 - 297

103　Zhao P. , Litvu J. A new stable and very dispersive boundary condition for the FDTD method. *In Proc. IEEE MTT-S Int. Symp.* 1994; (1): 35 - 38

104　Berenger J. P. A perfectly matched layer for the absorption of electromagnetic waves. *Journal of Computational Physics*, 1994; **114**: 185 - 200

105 Berenger J. P. Three-dimensional perfectly matched layer for the absorption of electromagnetic waves. *Journal of Computational Physics*, 1996; **127**: 363 - 379

106 Berenger J. P. Improved PML for the FDTD solution of wave-structure interaction problems. *IEEE Transaction on Antennas and Propagation*, 1997; **45** (3): 466 - 473

107 Ma Z. , Kobayashi Y. Performance of the modified PML absorbing boundary condition for propagating and evanescent wave in three-dimensional structures. *IEICE Trans Electron*, 1998; **E81-C**(12): 1892 - 1897

108 Berenger J. P. An effective PML for the absorption of evanescent wave in waveguide. *IEEE Microwave Guide Wave Let.* 1998; **8**(5): 188 - 190

109 Zhao P. , Raisanen A. V. Application of a simple and efficient source excitation technique to the FDTD analysis of waveguide and microstrip circuits. *IEEE Trans. Microwave Theory Tech.*, 1996; **44**(9): 1535 - 1538

110 崔俊海,钟顺时. 一种新型小型化微带天线的全波分析. 电子学波, 2001; **29**(6): 785 - 787

111 崔俊海,钟顺时. 采用 PML 吸收边界条件的 FDTD 法在分析平面微带结构中的应用. 微波学报. 2000; **16**(5): 537 - 541

112 Cui J. H. , Zhong S. S. , Yu C. FDTD analysis of a compact microstrip antenna with a c-shaped slot. *Microwave and Optical Tech. Let.* 2001; **28**(3): 170 - 172

113 Steer M. B. , Hicks R. G. Characterization of diodes in a coaxial measurement system. *IEEE MTT-S Digest*, 1991; 173 - 176

114 Roe J. M. , Rosenbaum F. J. Characterization of packaged microwave diodes in reduced-height waveguide. *IEEE Trans.*

Microwave Theory Tech., 1970; **18**(9): 638 - 642

115 Yoo T., Chang K. Theoretical and experimental development of 10 and 35 GHz rectennas. *IEEE Trans*, *Microwave Theory Tech.*, 1992; **40**(6): 1259 - 1266

116 McSpadden J. O., Yoo T., Chang K. Theoretical and experimental investigation of a rectenna element for microwave power transmission. *IEEE Transactions on Microwave Theory and Techniques*, 1992; **40**(12): 2359 - 2366

117 Strassner B., Kokel S., Kai Chang. 5. 8 GHz circularly polarized low incident power density rectenna design and array implementation. *IEEE Antennas and Propagation Society International Symposium*, 2003; **3**: 950 - 953

118 Diode model parameter extraction from manufactures' data sheets. Ansoft Application Note, 1997; 1 - 7

119 Agilent Technologies 8722ES Network Analyzer User's Guide, USA

120 陈国强,李 琦,刘金亮. HP8510C 非同轴系统 TRL 校准技术. 微波学报. 1998; **14**(3): 238 - 243

121 Agilent AN 1287 - 9, In-fixture measurements using Vector Network Analyzers, application note, USA

122 Kawahara N. Experimental wireless micromachine for inspection on inner surface of tubes. *The Third International Micromachine Symposium*, 1997; 137 - 140

123 Sasaya T, Shibata T, Kawahara N. Microwave energy supply for in-pipe micromachine. *The Fourth International Micromachine Symposium*, 1998; 159 - 164

124 Kawahara N. Experimental wireless micromachine for inspection on inner surface of tubes. *The Fifth International Micromachine Symposium*, 1999; 151 - 158

125 Nishikawa H, Sasaya T, etc. In-pipe wireless micro locomotive system. International Symposium on Micromachines and Human Science, 1999; 141 - 147

126 徐长龙,徐君书,徐得名. 管道探测微机器人微波输能系统激励装置. 上海大学学报,2000; **10**: 403 - 406

127 马守全. 微波技术基础. 中国广播技术出版社. 1989

128 姚德淼,毛钧杰, 微波技术基础. 电子工业出版社. 1989

129 Los Angeles. Analysis of the Quasi-Yagi antenna for phased-array applications. University of California, Dissertation for the degree Master.

130 Qian Y., Perkons A. R., itoh T. Surface wave excitation of a dielectric slab by a Yagi-Uda slot array antenna-FDTD simulation and measurement. 1997 *Topical Symposium on Millimeter Proceedings*, 1998; 137 - 140

131 Qian Y. Microstrip-fed quasi-yagi antenna with broadband characteristics. *IEE Electronics Letters*, 1998; **34** (23): 2194 - 2196

132 Kaneda N., Qian Y., Itoh T. A novel yagi-uda dipole array fed by a microstrip-to-CPS transition. *Proc. 1998 Asia Pacific Microwave Conf. Dig.*, *Yokohama*, *Japan*, 1998; 1413 - 1416

133 薛睿峰,钟顺时. 微带天线圆极化技术概述与进展. 电波科学学报, 2002; **17**(4): 331 - 336

134 Brown W. C. Electronic and mechanical improvement of the receiving terminal of a free-space microwave power transmission system. *Raytheon Company Wayland*. *MA*, *Tech. Rep. PT - 4965 - 4*, *NASA Rep*. 1977; CR - 135194

135 Brown W. C., Triner J. F. Experimental thin-film, etched-circuit rectenna. *IEEE MTT-S Int. Microwave Symp. Dig.*,

1982；185－187

136 Koert P.，Cha J.，Macina M. 35 GHz and 94 GHz rectifying antenna systems. *SPS 91-Power from Space Dig.*，Paris，France，1999；541－547

137 Bharj S. S.，Camisa R.，Grober S.，Wozniak F.，Pendleton E. High efficiency C-band 1 000 element tectenna array for microwave powered applications. *IEEE MTT-S Int. Microwave Symp. Dig.*，Albuquerque，NM，1992；301－303

138 Strassner，B.，Kai Chang. 5. 8-GHz circularly polarized dual-rhombic-loop traveling-wave rectifying antenna for low power-density wireless power transmission applications. *IEEE Transactions on Microwave Theory and Techniques*，2003；**51**(5)：1548－1553

139 Dickinson R. M.，Brown W. C. Radiated microwave power transmission system efficiency measurements. *Jet Propulsion Laboratory*，*Cal. Tech.*，*Memo*，1975；33－727

140 Strassner B.，Chang K. 5. 8 GHz circular polarized rectifying antenna for microwave power transmission. *IEEE MTT-S Int. Microwave Symp. Dig.*，Phoenix，AZ，2001；1859－1862

141 Young-Ho Suh，Chunlei Wang，K. Chang. Circularly polarized truncated-corner square patch microstrip rectenna for wireless power transmission. *IEE Electronics Letters*，2000；**36**(7)：600－602

142 McSpadden J. O.，Chang K. A dual polarized circular patch rectifying antenna at 2. 45 GHz for microwave power conversion and detection. *IEEE MTT-S International Microwave Symposium Digest*，1994；**3**：1749－1752

143 Fujino Y.，Fujita M.，Kaya N.，Kusaka N.，Ogihara N.，Kunimi S.，Ishii M. A dual polarization patch rectenna for

high power application. *IEEE International Symposium Antennas and Propagation Society*, 1996; **3**: 1560 – 1563

144　Rasshofer R. H., Thieme M. O., Biebl E. M. Circularly polarized millimeter-wave rectenna on silicon substrate. *IEEE Transactions on Microwave Theory and Techniques*, 1998; **46** (5): 715 – 718

145　Strassner B., Chang K. Highly efficient c-band circularly polarized rectifying antenna array for wireless microwave power transmission. *IEEE Transactions on A-P*, 2003; **51** (6): 1347 – 1356

146　Brown W. C. The design of large scale terres trial rectennas for low-cost production and erection. *IEEE MTT-S International Microwave Symposium Digest*. 1978; **1**: 349 – 351

147　Yoo T., McSpadden J., Chang K. 35 GHz rectenna implemented with a patch and a microstrip dipole antenna. *IEEE MTT-S International Microwave Symposium Digest*. 1992; **1**: 345 – 348

148　Youn Dong-Gi, Park Yang-Ha, Kim Kwan-Ho, Rhee Young-Chul. A study on the fundamental transmission experiment for wireless power transmission system. *Proceedings of the IEEE Region 10 Conference*, 1999; **2**: 1419 – 1422

149　Aksun M. I., Wang Z. H., Chuang S. L., Lo. Y. t. Double-slot-fed microstrip antennas for circular polarization operation. *Microwave Opt. Tech. Letter*, 1989; **2**(10): 343 – 346

150　Vlasits T., Korolkiewicz E., Sambell A., Robinson B. Performance of a cross-aperture coupled single feed circularly polarized patch antenna. *IEE Electronics Letters*, 1996; **32** (7): 612 – 613

151 Vlasits T. , Korolkiewicz E. , Sambell A. Analysis of cross-aperture coupled patch antenna using transmission line model. *IEE Electronics Letters*, 1996; **32**(21): 1934 - 1935

致　　谢

本论文的研究工作是在导师徐得名教授和副导师徐长龙研究员的悉心指导和帮助下完成的. 在此论文即将完成之际,我首先要向徐得名老师和徐长龙老师致以衷心的感谢. 在我的研究生学习这段日子里,两位老师对我倾其所有、循循善诱,无论在学习还是生活中孜孜教诲、悉心帮助,在他们身上,让我真正体会到了老一辈科研工作者们对科研的严谨求实、钻研、创新的精神,在生活上勤劳简朴、严于律己,亲善他人的风范作风. 对他们的悉心教诲、言传身教,我只能用行动来报答他们的培养之恩,脚踏实地、严谨求实、严于律己、谦逊做人、开拓进取,为民族的繁荣昌盛贡献一份力量.

我还要衷心感谢钮茂德副教授,万晓华老师,多谢她们在学习上和生活中对我的无私关心和帮助.

我还要感谢微波教研室的林炽森教授、钟顺时教授、王子华教授、马哲旺教授、夏士明副教授、余春副教授、严锦奎副教授、吴迪副教授、倪维立副教授、杨雪霞副教授、李国辉副教授、宋华老师,以及院办胡思明老师、系办公室的蔡康莱老师、赵俭老师、夏志祥老师和陈谦和老师,还有院、系、研究生部各位老师,都给了我大量的帮助,在此深表感谢!

感谢师兄弟间坚强、李国辉、唐海正、陈春平、董宇、余剑平、陈明研、管绍朋,以及高式昌、崔俊海、张振利、王明祥、张需溥、孙绪宝、汪伟、王学东、游彬、周霞、牛俊伟、陈俊昌、傅强、陈晓梅、墨晶岩、彭祥飞、蔡鹏、官雪辉，以及好友机电学院张伦伟、梁秋潼、莫日根，与他们的相处使我获得有益的启迪和真挚的友谊.

特别感谢严锦奎老师、航天局 813 所吴林坤老师以及南翔 51 所的蒋凡杰等几位老师，有了他们的热心帮助和指导，我的论文才得以顺利完成.

最后谨以此文献给我的外婆、父母亲以及哥哥姐姐们，献给我的妻子李形佳以及岳父岳母，献给我的姨父、姨、姑夫、姑姑及表哥、表姐们，还有我妻子家的姐夫、姐姐. 感谢妻子在我漫长的求学生涯中对我的理解、支持和鼓励，感谢她为我无私的付出和牺牲.

感谢所有关心和帮助过我的人们！